GEORGES DE LAYENS

ÉLEVAGE
DES ABEILLES

PAR

LES PROCÉDÉS MODERNES

THÉORIE ET PRATIQUE EN DIX-SEPT LEÇONS

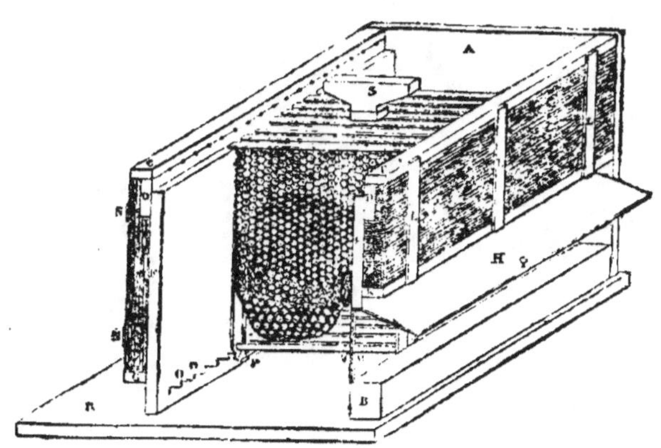

PARIS

LIBRAIRIE CENTRALE D'AGRICULTURE ET DE JARDINAGE

RUE DES ÉCOLES, 62, PRÈS LE MUSÉE DE CLUNY

— Auguste GOIN, éditeur

ÉLEVAGE

DES ABEILLES

GEORGES DE LAYENS

ÉLEVAGE
DES ABEILLES

PAR

LES PROCEDÉS MODERNES

THÉORIE ET PRATIQUE EN DIX-SEPT LEÇONS

Troisième Édition

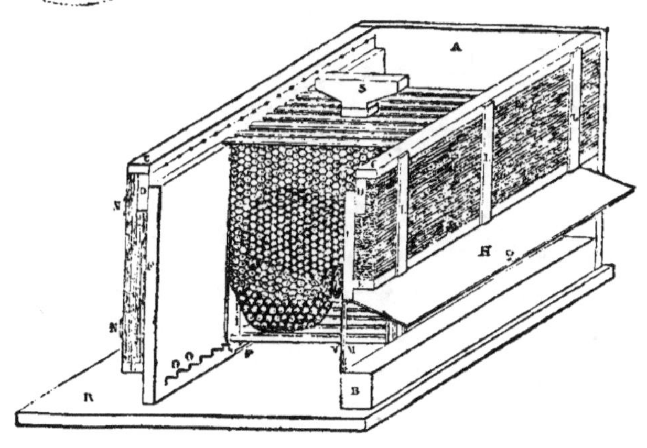

PARIS

LIBRAIRIE CENTRALE D'AGRICULTURE ET DE JARDINAGE

RUE DES ÉCOLES, 62 (ancien 82), PRÈS LE MUSÉE DE CLUNY

— Auguste GOIN, éditeur —

PRÉFACE DE LA SECONDE ÉDITION

Les possesseurs d'abeilles n'ont, pour la plupart, ni le temps ni la volonté d'étudier les mœurs des abeilles. Ce qu'ils désirent avant tout, c'est d'arriver, par le plus court chemin, à obtenir de leurs ruches un produit rémunérateur.

Nous avons recherché dans cette nouvelle édition, que nous avons entièrement remaniée, à rendre la culture des abeilles, à l'aide de la ruche à rayons mobiles, accessible au plus grand nombre.

Les méthodes que nous décrivons sont aussi simples que faciles à exécuter, et notre but a été de conduire l'élève pour ainsi dire par la main, dans les opérations successives de l'année.

En général, les traités d'apiculture renferment un trop grand nombre de procédés, ce qui offre, à notre avis, le grave inconvénient de jeter le novice dans un labyrinthe souvent inextricable.

Nous avons fait notre possible pour éviter cet écueil.

Les méthodes modernes de culture sont, à la rigueur, applicables à tous les systèmes de ruches, mais leur application est incomparablement plus facile à l'aide des ruches à rayons mobiles.

La plus grande faute que puisse commettre le novice, c'est de vouloir perfectionner les ruches avant d'avoir étudié l'apiculture sérieusement. Ce n'est pas la ruche qui donne le miel, c'est l'application raisonnée des bonnes méthodes, la ruche n'est que l'outil.

N'étant pas inventeur de ruches nouvelles, nous avons simplement choisi, parmi les meilleurs modèles, celui qui nous a paru le plus facile à conduire et le plus en harmonie avec les instincts naturels des abeilles.

Cette ruche a, du reste, fait ses preuves entre les mains de beaucoup d'apiculteurs.

Afin d'appuyer sur des faits les méthodes que nous proposons, il nous a paru utile de donner le produit de notre rucher pendant plusieurs années ; les auteurs apicoles oublient trop souvent d'appuyer leurs théories sur cette donnée.

GEORGES DE LAYENS,

A Louye (Eure), par Dreux.

PREMIÈRE LEÇON

GÉNÉRALITÉS

ÉCOLES MOBILISTE ET FIXISTE. — PRODUIT DES RUCHES

Écoles mobiliste et fixiste. — Puisque vous le désirez, je me décide à vous adresser quelques leçons sur l'apiculture. Et d'abord, vous me demandez combien de temps il faut pour devenir bon apiculteur ? Rappelez-vous le nombre d'années qu'il vous a fallu pour bien diriger vos arbres fruitiers, et je ne serai guère éloigné de la vérité, en vous disant que le même temps est à peu près nécessaire pour bien savoir gouverner votre rucher. Mais, direz-vous, les abeilles travaillent seules, il ne me semble guère utile de s'en occuper ; ne serait-il pas préférable de laisser agir la nature ? Détrompez-vous : lorsque vous connaîtrez les mœurs de cet utile et laborieux insecte, vous comprendrez alors qu'il est possible, par des soins bien entendus, de les aider, et même de les diriger dans leurs travaux, de manière à leur faire produire plus qu'on ne le faisait jusqu'ici.

Dans votre dernière lettre, vous me faites déjà

cette question : quelle est la meilleure ruche? Que
de fois ne m'a-t-on pas adressé la même demande.
Voici ce que j'ai toujours répondu : La ruche la plus
perfectionnée entre les mains de celui qui ne sait pas
conduire ses abeilles est moins bonne que la vulgaire ruche des campagnes ; mais cette même ruche
entre les mains de celui qui sait gouverner ses
abeilles permet une récolte plus considérable, parce
qu'il est possible avec cette ruche de conduire les
abeilles par les méthodes qui produisent le plus.

Les apiculteurs se divisent actuellement en deux
écoles : les fixistes et les mobilistes. Les premiers
sont ainsi appelés parce qu'ils se servent encore de
l'ancienne ruche dont les rayons sont fixes et inamo-
vibles ; on rencontre souvent parmi eux des hommes
aussi capables qu'intelligents qui font produire à
leur ruche une certaine quantité de miel. Nous
sommes convaincu que si ces apiculteurs, au lieu de
rejeter systématiquement tout ce qui est nouveau,
voulaient seulement essayer sérieusement et cons-
ciencieusement les nouvelles méthodes et les nouvelles ruches, ils seraient les premiers, plus tard, à
remercier ceux dont l'unique but est de les instruire
pour leur faire gagner davantage.

La seconde école est celle des mobilistes, ainsi
nommés parce qu'ils emploient la ruche à rayons
mobiles. Dans ces sortes de ruches, les abeilles sont
forcées de bâtir leurs rayons dans des cadres en bois ;
et la construction de la ruche permet de démonter
tous les cadres à volonté. C'est à l'aide de cette
ruche, inventée il y a déjà bien des années, mais

très perfectionnée de nos jours, que les apiculteurs mobilistes peuvent employer les procédés de culture les plus perfectionnés et, conséquemment, les plus productifs.

Dans toutes les contrées, le nombre des mobilistes s'accroît chaque année.

En France, il s'est formé un grand nombre de sociétés d'apiculture, qui ont puissamment contribué à répandre dans nos campagnes les nouvelles cultures. Il est de l'intérêt de tous les apiculteurs de faire partie de ces sociétés afin de se tenir au courant des progrès accomplis.

- *Produit des ruches.* — Afin de donner une idée du produit des ruches, voici le rendement de mon rucher situé dans une région médiocrement mellifère. Le rucher est composé de trente colonies en moyenne.

Le produit a été : en 1877, de 200 kil. de miel ; en 1878, 250 kil. ; en 1879, nul ; en 1880, 400 kil. ; en 1881, 225 kil. ; en 1882, 250 kil. ; en 1883, 321 kil. ; en 1884, 575 kil., et en 1885, 350 kil.

Mes colonies n'ont jamais été nourries, ni au printemps ni à l'automne, même en l'année 1879, où les trois quarts des colonies sont mortes de faim en France. J'ai pu obtenir ce résultat grâce aux nouvelles méthodes de culture que je vais vous décrire. L'année 1880 ayant été aussi favorable à la production du miel que l'année 1879 l'avait été peu, les colonies qui me restaient à la suite de cette désastreuse année ont produit 400 kil. de miel, plus 50 kil. de réserve, en plus des provisions d'hiver.

Vous pourriez penser qu'en calculant le revenu

moyen d'un rucher d'après la récolte moyenne d'un petit nombre d'années il serait possible de se faire une idée précise du revenu qu'on peut espérer. Il est facile de prouver qu'il n'en est pas ainsi. Le rendement vrai sera assez variable, les bonnes et les mauvaises années ne se succédant pas régulièrement comme on pourrait le croire.

Presque tous les ans, il y a des jours très favorables à la récolte du miel, et l'art de l'apiculteur consiste à avoir, pendant toute la saison, des ruches très fortes, afin d'être toujours prêt à profiter des jours où le miel abonde.

Afin de bien faire saisir la variation des récoltes pendant une longue suite d'années, nous nous sommes servi du tableau de Jacques de Gélieu, indiquant le produit moyen de son rucher pendant cinquante ans. Nous avons tracé une suite de lignes parallèles,

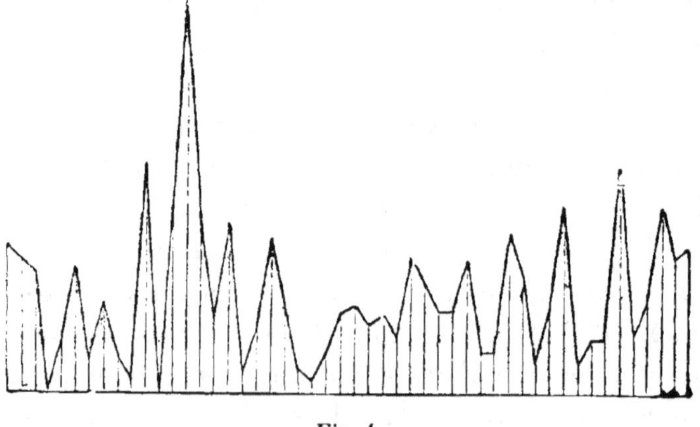

Fig. 1.

fig. 1, dont la longueur correspond au produit moyen d'une année. En reliant toutes les extrémités de ces lignes par une autre, on obtient un tracé qui représente l'irrégularité des récoltes. On voit que, même pendant cinquante ans, les bonnes et les mauvaises années ne se représentent nullement à des intervalles plus ou moins réguliers. (Les récoltes moyennes ont varié entre 0 et 14 kil. 500 gr.)

DEUXIÈME LEÇON

Pour bien cultiver les abeilles et leur faire rendre beaucoup de miel, il est indispensable, avant tout, de vous expliquer, au moins brièvement, ce que c'est qu'une famille d'abeilles, comment elles travaillent et se reproduisent.

Dans une colonie d'abeilles, il y a deux sortes de mouches : les mâles et les femelles. A l'époque de la sortie des essaims, regardez travailler, vers midi et par le beau temps, une forte colonie. Vous remarquerez parmi les abeilles qui sortent et rentrent continuellement des mouches beaucoup plus grosses que les autres. Ces abeilles sont des mâles, *fig.* 2 ; ils font entendre, en volant, un fort bourdonnement, ce qui les a fait surnommer bourdons. Vous pouvez les prendre sans crainte, car ils n'ont pas d'aiguillon. Ils sont plus ou moins nombreux, suivant les colonies. Ces abeilles mangent énormément, ne travaillent pas et ne sont utiles que pour féconder les mères. Nous vous expliquerons plus tard comment, dans la culture perfectionnée, on est parvenu à supprimer la plus grande partie de ces bouches inutiles, afin d'augmenter la récolte.

Ce sont les femelles, surnommées ouvrières, *fig.* 3, qui s'occupent de tous les travaux de la ruche : fabrication des gâteaux ou rayons de cire, récolte du miel, du pollen [1], de la propolis [2], de l'eau, élevage des petits, etc.

Parmi les femelles, vous en remarquerez une plus longue, plus grande, d'une couleur plus claire que les autres, et dont le seul travail consiste à pondre continuellement : c'est l'unique mère de la colonie. On l'appelle souvent la reine, *fig.* 4.

Mais, me direz-vous, quelle différence existe-t-il donc entre la mère et les ouvrières, puisque les ouvrières sont aussi des femelles ? Rien n'est plus simple à expliquer :

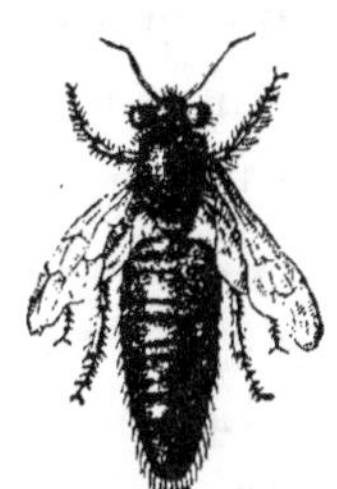

Fig. 2. — Mâle.   *Fig.* 3. — Ouvrière.   *Fig.* 4. — Mère.

Chaque abeille provient d'un œuf pondu par la mère. Au bout de quelques jours, il en sort un petit ver ; si ce ver, qui plus tard se transforme en abeille,

[1] Le pollen est cette poussière bien connue, qui se trouve sur les étamines des fleurs, et que les abeilles attachent à leurs pattes de derrière dans des sortes de cuillers, afin de la transporter plus aisément à leur ruche. Cette substance, mélangée avec de l'eau et du miel, sert principalement à nourrir les petits.

[2] Substance résineuse dont se servent les abeilles pour boucher les fentes des ruches.

est élevé dans une petite cellule, avec une nourriture ordinaire, il deviendra femelle ouvrière ; si, au contraire, ce même ver est élevé dans une cellule très grande, avec une nourriture spéciale très fortifiante, il se développera en femelle mère ou reine. Vous voyez donc qu'il suffit aux abeilles ouvrières de modifier la cellule et la nourriture d'un ver d'ouvrière pour en faire une mère.

Ainsi, les femelles ouvrières ne sont pas assez développées pour pondre et se faire féconder, tandis que les femelles mères ou reines, au contraire, peuvent se faire féconder et pondre.

En résumé, vous avez dans vos ruches, au temps de l'essaimage, trois sortes de mouches : une mère, une quantité considérable d'ouvrières (60 à 100,000 dans de très fortes colonies) et des mâles en beaucoup plus petit nombre (quelques milliers seulement).

Un mot, avant de terminer, sur la durée de la vie des trois sortes d'abeilles.

Les mères vivent de deux à quatre ans, et lorsque, par une cause quelconque, leur fécondité vient à diminuer, les abeilles les remplacent fort souvent par d'autres, sans pour cela que la colonie donne un essaim.

Les ouvrières vivent bien moins longtemps. En été, elles s'usent vite au travail et deviennent vieilles en moins de six semaines. En hiver, saison de repos, elles vivent environ cinq mois. Quant aux mâles, les abeilles n'en conservent dans les ruches que durant le temps de l'essaimage, car ce n'est qu'à cette époque qu'ils sont utiles pour féconder les mères.

TROISIÈME LEÇON

Édifices des abeilles. — Un moyen très simple de comprendre la construction des abeilles est de vous procurer une vieille ruche morte. Vous verrez dans son intérieur des rayons ou gâteaux de cire attachés au sommet de la ruche et, par place, sur les côtés. Ces rayons, plus ou moins réguliers, laissent entre eux un passage d'environ un centimètre. C'est dans ces sortes de ruelles que les abeilles se livrent à leurs travaux.

L'épaisseur des rayons varie un peu suivant leurs destinations. Dans le haut ou sur les côtés de la ruche, ils sont plus épais que dans le milieu ; c'est principalement dans cette partie de la ruche que les abeilles déposent leur récolte et leurs provisions d'hiver. Au milieu, et vers le bas, place destinée à l'élevage des petits, vous remarquerez plus de régularité dans la construction des cellules. Les rayons sont aussi plus ou moins foncés suivant leur âge ; ceux qui viennent d'être construits sont blancs, puis ils jaunissent et deviennent peu à peu de plus en plus foncés.

Détachez de cette ruche un rayon ou deux du centre, vous reconnaîtrez facilement qu'ils se composent de deux sortes de cellules. Le plus grand

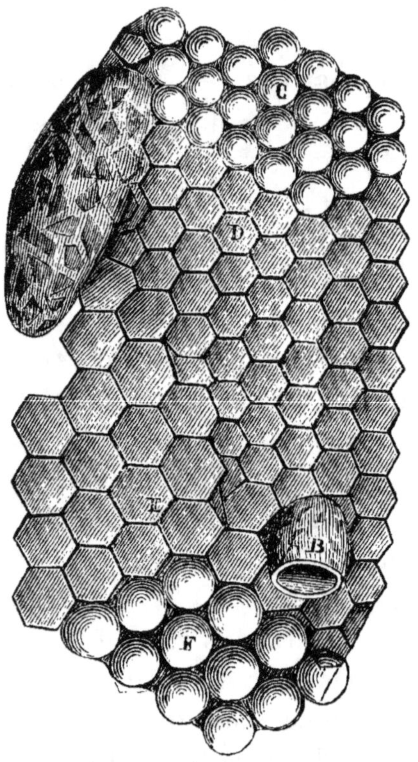

Fig. 5. — Cellules, alvéoles.

A. Cellule de mère operculée. — B. Cellule de mère vide. — C. Cellules d'ouvrières contenant du couvain. — D. Cellules d'ouvrières vides. — E. Cellules de mâles vides. — F. Cellules de mâles contenant du couvain.

nombre de ces cellules ou alvéoles, comme on les appelle souvent, sont de petite dimension, mais, par place, vous en rencontrerez d'un peu plus grandes. Les petites sont destinées à servir de berceau aux ouvrières ; les plus grandes, de berceau aux mâles. Enfin, si vous regardez avec attention, vous trouverez par place, et surtout sur les bords des rayons, quelques cellules beaucoup plus grandes que les autres, et dont la forme rappelle assez, lorsqu'elles sont entières, le gland du chêne. Ces cellules ont plusieurs centimètres de long, elles sont attachées le plus souvent aux rayons sur leur tranche, et comme suspendues en dehors de ces rayons ; ce sont les cellules ou alvéoles servant de berceau aux mères. (Pour désigner ces cellules, on les appelle souvent alvéoles maternels.)

Si vous n'en trouvez pas, car elles sont peu nombreuses, enfumez fortement une colonie qui vient de jeter un essaim, renversez-la et vous verrez presque toujours de ces cellules.

Ponte de la mère. — Nous allons étudier maintenant les divers travaux exécutés par un essaim naturel sortant d'une ruche. Cet essaim emporte avec lui tous les éléments nécessaires à son parfait établissement.

Il possède : une mère, un nombre considérable d'ouvrières de tout âge, et des mâles en petit nombre.

Un essaim qui sort d'une ruche par un temps très chaud va quelquefois s'établir définitivement sous un abri quelconque, et travaille ainsi à air libre. Sa forme naturelle est celle d'un cône renversé, fermé de tous côtés par les abeilles, excepté à son extrémité, par lequel point sortent et rentrent les abeilles.

Si quelques jours après l'installation de l'essaim on coupait en deux le cône d'abeilles, suivant un

plan perpendiculaire aux rayons commencés, la *fig.* 6
représenterait à peu près l'état des travaux.

Au milieu du cône se trouve un premier rayon
attaché par un sommet à la branche. A droite et à
gauche de ce premier rayon, sont suspendus deux
autres rayons, moins longs que le premier. Autour
des trois rayons, on voit une agglomération d'abeilles
formant enveloppe, et dont l'épaisseur ne dépasse
guère 3 à 4 cent. Cette masse inactive laisse libre

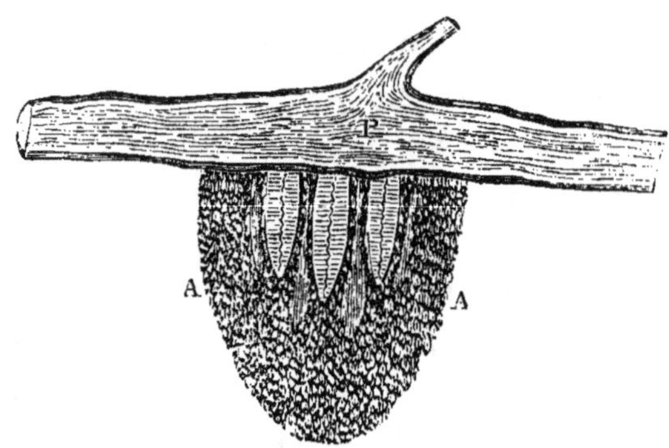

Fig. 6.

de ses mouvements la partie active des abeilles qui
travaillent dans son intérieur. L'enveloppe ressemble
assez à une croûte solide formée d'abeilles accro-
chées les unes aux autres et serrées entre elles.

L'utilité de cette croûte est de développer et d'entretenir une chaleur d'environ 35 degrés dans le
centre du cône, température nécessaire pour la fabrication de la cire et l'élevage du couvain. Cette
croûte joue un très grand rôle dans le travail des
abeilles ; elle augmente ou diminue d'épaisseur, sui-

vant la température extérieure, et se disjoint au-dessus de 35 degrés environ. Le cône vient-il à être frappé par un courant d'air froid, on voit tout de suite la croûte augmenter d'épaisseur sur ce point.

Aussitôt que le rayon central atteint une longueur de 10 à 12 cent., la mère commence à déposer ses œufs dans les alvéoles de l'extrémité du rayon central, centre de la croûte. A ce moment, les cellules n'ont encore que peu de profondeur.

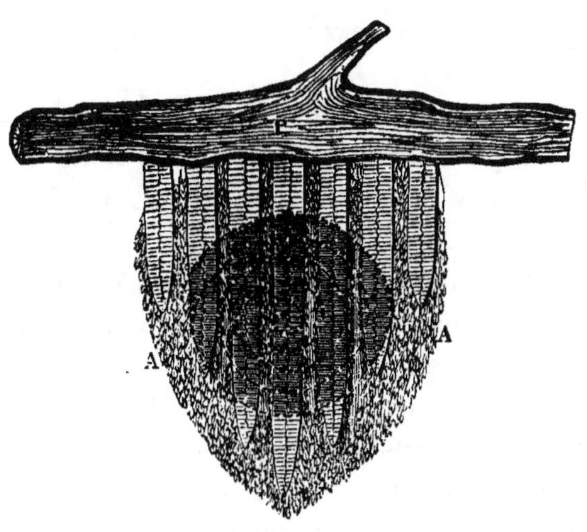

Fig. 7. — Essaim dont les travaux sont avancés.

La mère dépose ses œufs, en suivant des spirales régulières, autour du premier œuf, centre primitif du couvain, ainsi qu'on le voit *fig.* 7, de manière à former une masse de forme globuleuse. La partie teintée représente la place occupée par le couvain dans chaque rayon. Une extrême activité est à ce moment déployée par les ouvrières, car il faut simultanément s'occuper de l'éducation du couvain, construire de nouveaux rayons, enfin récolter le miel et le pollen.

Lorsque le premier rayon atteint environ 30 cent. de longueur, il n'est plus guère prolongé pendant l'année, mais les abeilles en construisent d'autres, à droite et à gauche des premiers.

Le miel récolté est emmagasiné dans toutes les cellules autour du couvain, de manière à former, au-dessus de lui, un dôme de miel qui s'étend jusqu'au sommet des rayons. Le pollen est aussi placé dans les cellules.

La mère continue sa ponte pendant vingt et un jours, temps nécessaire au couvain pour subir ses diverses transformations. A cette époque, les cellules où la mère avait commencé sa ponte devenant libres successivement, la mère retourne à son point de départ, et recommence sa ponte, dans le même ordre que la première fois.

Couvain. — La reine pond à volonté des œufs de mâles ou des œufs d'ouvrières ; mais une curieuse particularité, c'est qu'elle peut pondre qu'elle soit ou non fécondée. Seulement, si pour une cause quelconque elle n'a pu se faire féconder, par suite, par exemple, d'un mauvais temps prolongé (la fécondation de la mère s'opérant dans les airs hors de la ruche), elle ne pourra pondre que des mâles, et par conséquent la colonie sera bientôt perdue, si l'apiculteur ne lui vient en aide en lui donnant une mère fécondée, ou en réunissant cette colonie à une autre bien organisée.

Un autre fait des plus intéressants, utilisé à chaque instant dans la pratique, est le suivant. Les ouvrières possèdent la faculté de se donner des mères s'il existe dans la colonie des œufs d'ouvrières.

Supposons, par exemple, que pendant l'été vous enleviez à une colonie sa mère. Que feront les abeilles ? Elles reconnaîtront bientôt qu'elles sont sans mère, transformeront une petite cellule renfermant un ver d'ouvrière en une grande cellule de mère, nourriront ce ver avec la bouillie spéciale destinée à former des mères, et par ce moyen remplaceront la mère perdue. (Les abeilles élèvent ainsi des mères en plus ou moins grand nombre suivant la force de la colonie.)

Les abeilles se servent souvent de ce procédé pour remplacer en été une mère trop vieille, et l'apiculteur, comme nous le verrons plus tard, utilise cette faculté pour se procurer des mères. Les mères ainsi formées sont appelées *mères artificielles.*

Jetons maintenant un coup d'œil rapide sur l'éducation des petits. Que les œufs pondus par la mère soient destinés à devenir des ouvrières, des mères ou des mâles, ils passent toujours successivement, pour devenir abeilles, par les mêmes transformations. Nous allons brièvement les passer en revue.

L'œuf une fois pondu par la mère dans le fond d'une cellule, il en sort, trois jours après, un ver que les ouvrières nourrissent à l'aide d'un mélange de pollen, de miel et d'eau. Ce ver grossit rapidement, et au bout de huit jours environ il remplit la cellule. A ce moment, les abeilles ouvrières ferment cette cellule à l'aide d'un couvercle ou opercule de cire bombé. Elles n'ont plus à s'en occuper. Ce ver file alors une coque, et c'est dans cette coque qu'il se transforme en abeille. Lorsque cette abeille a atteint tout son développement, elle sort de la cellule en en perçant le couvercle. Cette jeune abeille n'est pas encore assez forte pour pouvoir sortir à l'extérieur, mais elle ne sera pas cependant inutile dans la ruche, elle s'occupera pendant une quinzaine de jours de l'élevage des petits, et au bout de ce temps elle ira à la récolte. On a donné le nom général de couvain aux différentes transformations que nous venons de passer en revue. Ainsi, par exemple, on dit souvent dans la pratique : Prenez à une colonie un rayon contenant du couvain operculé. Cette expression signifie : Prenez un rayon dans lequel se trouve une grande quantité de cellules fermées d'un couvercle bombé renfermant des petits.

Le couvain ne met pas le même temps à subir ses diverses transformations suivant qu'il est destiné à devenir mère, ouvrière ou mâle.

Pour les mères, il faut seize jours ; pour les ouvrières, vingt et un jours, et pour les mâles vingt-quatre jours. Ce nombre de jours peut varier suivant la température extérieure.

Depuis le moment où l'œuf a été pondu jusqu'à celui où les abeilles ferment la cellule, il s'écoule environ : pour les mères, huit jours ; pour les ouvrières, huit jours, et pour les mâles, huit jours et demi.

QUATRIÈME LEÇON

HISTOIRE ABRÉGÉE D'UNE COLONIE D'ABEILLES. —
ESSAIM ARTIFICIEL

A la sortie de l'hiver, et lorsque la chaleur commence à faire épanouir les premières fleurs, une partie des ouvrières sort pour chercher du miel, du pollen, de l'eau; d'autres nettoient la ruche. La mère commence sa ponte du printemps, et la population, réduite pendant l'hiver, augmente peu à peu.

Quelques semaines avant l'époque de l'essaimage qui correspond à la saison où le miel commence à abonder dans les fleurs, la ponte augmente considérablement. Vers cette époque, la mère pond aussi des mâles et quelques œufs dans les cellules des mères.

La ponte augmentant toujours, la ruche devient bientôt trop petite pour contenir la population. Les mâles sont nés, et les jeunes mères ne tarderont pas à sortir de leurs cellules; enfin, nous avons dit que l'époque de la grande récolte est arrivée. La ruche contenant alors tous les éléments nécessaires à sa conservation, les abeilles vont fonder ailleurs une nouvelle colonie.

Par une belle journée, elles sortent en grande

quantité, accompagnées de la vieille mère. C'est cette masse d'abeilles que l'on appelle un essaim naturel primaire. Cet essaim va, en général, se suspendre à une branche, et c'est là qu'on le recueille dans une ruche vide.

La ruche mère est fort dépeuplée par le départ de l'essaim, mais elle contient encore de jeunes abeilles et une grande quantité de couvain.

Si le temps reste au beau, que les fleurs continuent à donner du miel, la première mère qui sortira de sa cellule pourra être entraînée par un nouveau groupe d'abeilles hors de la ruche, une huitaine de jours après le départ du premier essaim. Ce sera l'essaim secondaire possédant une mère non fécondée. Cet essaim, déjà beaucoup plus petit que le premier, sera peut-être suivi par plusieurs autres de plus en plus faibles; souvent alors, la ruche mère sera perdue, parce qu'elle n'aura pas le temps de refaire sa population pendant le reste de la saison, et, par suite, d'amasser assez de miel pour la saison d'hiver.

Supposons maintenant que, pour une cause quelconque, la ruche mère ne donne pas d'essaim secondaire, ce qui est toujours préférable. Toutes les jeunes mères seront tuées par la première éclose ou par les abeilles. Quelques jours après, la mère sort pour se faire féconder par les mâles, et rentre fécondée pour toute sa vie; elle ne ressort de sa ruche qu'avec l'essaim primaire de l'année suivante.

Vers la fin de la récolte, les mâles devenus inutiles seront chassés des ruches et mis à mort.

Lorsque l'automne arrivera, les abeilles se resserreront de plus en plus dans le haut de leur habitation. A mesure que le froid deviendra de plus en plus vif, elles consommeront peu à peu leurs provisions d'hiver, jusqu'au printemps suivant. A cette époque, les travaux successifs que nous venons de passer rapidement en revue recommenceront dans le même ordre.

Nous venons de voir ce que c'est qu'un essaim naturel; on appelle essaim artificiel celui que l'apiculteur prend lui-même dans une colonie. On verra plus tard les avantages qu'on retire de l'essaimage artificiel.

CINQUIÈME LEÇON

CONSERVATION DES RAYONS. — SUPPRESSION DES CELLULES DE MALES. — AVANTAGES DES FORTES POPULATIONS.

Conservation des rayons. — Avec la ruche à rayons fixes, on est obligé de briser les rayons pour récolter le miel; avec les ruches à cadres, au contraire, on peut extraire le miel des rayons sans les briser. Il suffit, pour cela, de placer ces rayons dans une machine très simple appelée mello-extracteur (voyez plus loin, *fig.* 22). A l'aide d'une manivelle, on fait tourner rapidement les cadres, le miel sort des rayons sans les endommager. Cette ingénieuse machine, dont je vous parlerai plus longuement en temps utile, a été inventée en Autriche, il y a déjà longtemps. Son usage se répand de plus en plus, et tout apiculteur sérieux ne peut s'en passer.

Mais, direz-vous, pourquoi est-il nécessaire de conserver les rayons, les abeilles en construiront d'autres; elles travailleront mieux dans les constructions neuves; enfin, je vendrai la vieille cire? Cette objection n'a plus la moindre valeur aujourd'hui; les expériences les plus précises ont démontré qu'il n'est pas nécessaire de renouveler souvent les édifices des abeilles.

Un fait sur lequel tous les apiculteurs sont d'accord est le suivant : lorsqu'on donne à une colonie, au moment de la récolte, des rayons vides, cette colonie produira trois ou quatre fois plus de miel que si elle était obligée de construire des rayons en même temps qu'elle récolte.

Enfin, à l'aide du mello-extracteur, on obtient toujours du miel de première qualité, quand même les rayons auraient vingt ans d'existence.

Suppression des cellules de mâles. — Tous les apiculteurs ont reconnu depuis longtemps qu'il était préférable de diminuer le plus possible le nombre des mâles, parce qu'ils mangent beaucoup et ne travaillent pas.

Lorsqu'une ruche ne possède que des rayons d'ouvrières, la mère pond assez souvent des mâles dans les petites cellules, mais en beaucoup moins grand nombre que si la ruche contenait des rayons de mâles.

Dans les colonies qui possèdent un grand nombre de mâles, on a calculé qu'ils pouvaient dépenser dans la saison 3 ou 4 kilos de miel. C'est une forte perte que l'apiculteur peut en partie éviter, en remplaçant peu à peu les rayons de mâles par des rayons d'ouvrières.

Avec les ruches ordinaires, le remplacement des rayons est difficile ; avec les ruches à cadres, au contraire, cette opération est des plus simples.

Avantage des fortes populations. — Supposons, par exemple, que vous possédiez au moment de la grande récolte du miel onze colonies d'abeilles.

Dix d'entre elles possèdent, par exemple, 1 kilogramme d'abeilles (10,000 abeilles pèsent environ 1 kilo), la onzième en contient 4 kilos. Eh bien, cette dernière colonie récoltera à elle seule beaucoup plus de miel que les dix autres ensemble. Il arrivera même souvent que les dix premières ne récolteront même pas leur provision d'hiver, tandis que la onzième donnera une récolte. Ce fait, connu du reste de tous les apiculteurs, est facile à expliquer. Dans une faible colonie, le nombre des ouvrières qui vont à la récolte est très petit, parce que la plupart d'entre elles sont retenues ou logis, soit pour y entretenir la chaleur nécessaire à l'éclosion du couvain, soit pour les soins à donner aux petits. Dans une très forte colonie, au contraire, le nombre des ouvrières disponibles pour la récolte est proportionnellement beaucoup plus considérable; de là, cette grande différence de produit.

SIXIÈME LEÇON

OUTILLAGE DE L'APICULTEUR. — RUCHE. — NOUR-
RISSEURS. — CADRE GRILLÉ EN CAS DE PILLAGE.
— CAISSE POUR DÉPOSER LES CADRES. — ENFU-
MOIR ORDINAIRE. — ENFUMOIR MÉCANIQUE. —
CHAPEAU, VOILE, GANTS, VÊTEMENT. — GRILLES
D'HIVER. — COULOIR GRILLÉ DESTINÉ A SUPPRIMER
L'ESSAIM SECONDAIRE. — PLUMES D'OIE POUR
BROSSER LES ABEILLES. — EXTRACTEUR A FORCE
CENTRIFUGE. — COUTEAU A DÉSOPERCULER LES
CELLULES DE MIEL.

Ruche. — Voici brièvement la description de la

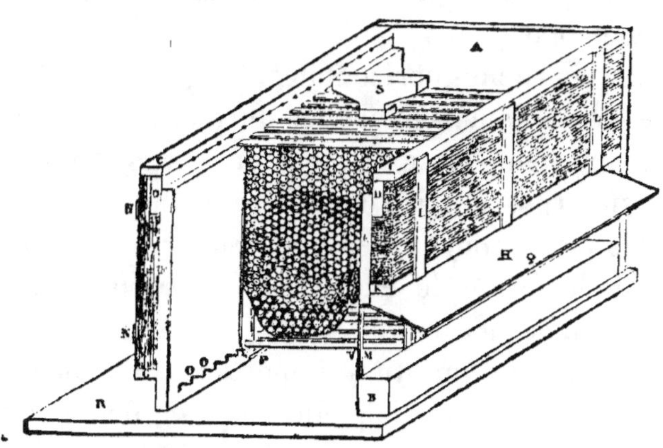

Fig. 8. — Vue d'ensemble d'une ruche à cadres dont on a supprimé le toit et
un côté pour laisser voir l'intérieur.

ruche dont nous nous servons; mais, quelle que soit
celle adoptée par vous, il est indispensable, pour
bien comprendre, que vous en ayez un modèle sous
les yeux.

Ces ruches offrent entre elles de notables différences : tantôt, elles se composent d'une seule caisse longue (ruche horizontale), renfermant quinze ou vingt cadres sur un seul rang ; tantôt elles sont formées de plusieurs caisses superposées (ruches verticales), renfermant chacune un plus petit nombre de cadres. De ces deux sortes de ruches, quelle est celle qu'il faut préférer? La ruche horizontale me paraît supérieure aux autres pour les raisons suivantes :

La forme horizontale (ruche à un seul rang de cadres) permet à l'apiculteur de gouverner ses abeilles plus facilement et plus rapidement, car il n'a pas, comme dans les ruches composées de plusieurs corps superposés, à déplacer ces corps dans certaines opérations.

Dans les ruches horizontales, le groupe d'abeilles ne se trouve jamais divisé, ce qui au contraire arrive nécessairement lorsque plusieurs corps de ruches sont superposés. Or, comme à l'état naturel les abeilles sont toujours en un seul groupe, on doit préférer la forme de ruche qui contrarie le moins leurs instincts naturels.

Une dernière question importante à considérer dans les ruches, et à laquelle trop peu d'apiculteurs font attention, c'est leur grandeur. Les expériences les plus précises de ces dernières années ont démontré qu'une capacité d'environ 40 litres était nécessaire à la reine pour développer toute sa fécondité ; on appelle souvent cet espace chambre à couvain. Il est, du reste, facile de comprendre qu'on ne peut obtenir des fortes colonies, les seules qui produisent beaucoup de miel, qu'à une condition : c'est que la reine ait toute la place nécessaire pour pondre. Cette capacité de 40 litres environ est donc nécessairement invariable quelle que soit la contrée, mais elle doit être augmentée de l'espace nécessaire aux abeilles pour déposer la récolte.

Le miel qui vient d'être récolté contient beaucoup d'eau. Ce miel ne peut être emmagasiné définitivement dans les cellules fermées qu'après avoir perdu, par l'évaporation, la plus grande partie de son eau, car c'est alors seulement qu'il possède la densité voulue pour pouvoir se conserver.

Afin de faire rapidement évaporer l'eau de surplus, les abeilles n'en déposent dans chaque cellule qu'une très petite quantité ; bien souvent, les cellules n'en contiennent que le tiers ou le quart de leur capacité. Ce miel, emmagasiné principalement dans la partie inférieure des rayons, possède alors une très grande surface d'évaporation, ce qui permet aux abeilles, grâce à la forte chaleur qu'elles développent, d'éliminer rapidement l'eau de surplus. Chaque matin, si la température extérieure n'est pas trop froide, une partie du miel déposé provisoirement dans les cellules du bas se trouve, pendant la nuit, remontée dans le haut de la ruche, afin d'y laisser libre la place nécessaire pour la récolte du jour.

Pour obtenir la récolte maximum, il est donc de toute nécessité que les abeilles aient à leur disposition une quantité de cellules beaucoup plus considérable que celle nécessaire pour emmagasiner provisoirement la récolte de plusieurs journées, très riche en miel.

Dans des ruches de 56 litres (quatorze cadres), j'ai souvent vu, le soir d'une forte récolte, et lorsque beaucoup de cadres possèdent du couvain, toutes les cellules disponibles contenir plus ou moins de miel; ces raisons m'ont fait adopter des ruches plus grandes encore et pouvant contenir vingt cadres [1].

Cette capacité de 80 litres paraîtra sans doute exagérée à ceux qui ont l'habitude des ruches de 20 ou 30 litres; cependant, il n'y a que les grandes ruches qui donnent de fortes populations et de grandes récoltes.

A Rivesaltes, le canton le plus mellifère des Pyrénées-Orientales, les ruches, dans la commune de Vingrau, qui produit le plus de miel, rendent en moyenne 6 kilos de miel. Les ruches ont environ 75 cent. de hauteur sur 30 cent. de largeur.

A Olette, canton moins mellifère que le premier, les ruches rapportent 12 kilos de miel. Elles ont en moyenne 1 mètre de hauteur sur 50 cent. de largeur.

On voit donc qu'une ruche très grande donne beaucoup plus de profit qu'une petite.

Pourquoi donc, me direz-vous, les apiculteurs ne s'entendent-ils pas pour adopter seulement quelques bons types, tout le monde y gagnerait? Rien n'est plus facile à expliquer. Parmi les apiculteurs célèbres, il y en a beaucoup qui ont inventé des ruches, et

---

[1] Dans les pays pauvres, on pourra se contenter de ruches de seize à dix-huit cadres.

naturellement ils ont prôné leur système à l'exclu-
sion de tout autre. C'est à celui qui ne fait partie
d'aucune école à comparer entre eux les différents
systèmes, et à adopter celui qui offre le plus grand
nombre d'avantages.

Avant de vous faire la description de la ruche que
j'ai adoptée, ce qui fera l'objet de ma prochaine
leçon, permettez-moi de vous dire que je ne suis pas
inventeur de ruches ; il y en a déjà un trop grand
nombre ; j'ai simplement adopté un modèle qui a fait
ses preuves depuis des années.

SEPTIÈME LEÇON

Presque toutes les ruches à cadres peuvent se
fusionner en deux groupes. Les premières, réduites
à leur plus simple expression, se composent d'une
caisse ayant une porte sur le côté ; c'est par cette porte
que l'on retire les cadres les uns après les autres.
Dans ces sortes de ruches, vous comprenez facilement que si l'on désire s'emparer d'un cadre quelconque, on est obligé de sortir de la ruche tous ceux
qui sont avant lui. Les secondes se composent d'une
caisse dont le toit mobile permet de mettre à décou-
vert tous les cadres à la fois. On peut donc s'emparer d'un ou plusieurs cadres, visiter la ruche, etc.,
sans qu'il soit nécessaire de retirer les cadres de la
caisse. Cette manière d'opérer offre de nombreux
avantages dans la pratique.

La première sorte de ruche s'emploie principalement en Allemagne, tandis que la seconde, d'inven-
tion plus récente, est celle dont on se sert généralement aujourd'hui. En France, la ruche que j'ai
adoptée, *fig.* 8, se compose d'une caisse en bois, sans
fond ni couvercle. Cette caisse repose sur un plateau R. Elle est couverte d'un toit mobile. Le devant
et le derrière de la ruche sont formés de pièces sim-

plement clouées les unes sur les autres. Ces pièces
sont recouvertes d'une couche de paille, retenue en
place par des lattes N, N, sur le devant, et L, L, L,
sur le derrière.

Derrière la ruche, on a ménagé une ouverture
fermée par une vitre M, permettant de constater à
tout instant l'état de la colonie, sans déranger les
abeilles. Le volet H, ouvert dans la figure, empêche
la lumière de pénétrer dans la ruche.

Mais on peut très bien se dispenser de cette ouverture vitrée qui complique beaucoup la construction
de la ruche.

Dans l'intérieur, se trouvent les cadres de bois
dont les traverses supérieures reposent sur le dessus des planches F, E. Ces cadres sont plus petits
que l'intérieur de la ruche, afin de laisser autour
d'eux un passage pour les abeilles. Ils sont mainte-
nus à égale distance les uns des autres par les
pièces O, O ; dans le haut, une ligne de points noirs
indique la place qu'ils doivent occuper.

Entre chaque traverse supérieure des cadres, se
trouve une ouverture qui doit être fermée. On se
sert, pour cela, de V en fer ou de lattes en bois, placés dans les intervalles des cadres, ou de plan-
chettes posées par dessus. Enfin, une entaille P
sert d'entrée aux abeilles. La boîte en fer-blanc S
représente un nourrisseur dont on donnera plus
tard la description.

Afin de pouvoir augmenter ou diminuer à volonté
la grandeur de la ruche, on se sert de planches pouvant se mettre à la place d'un cadre. Ces planches

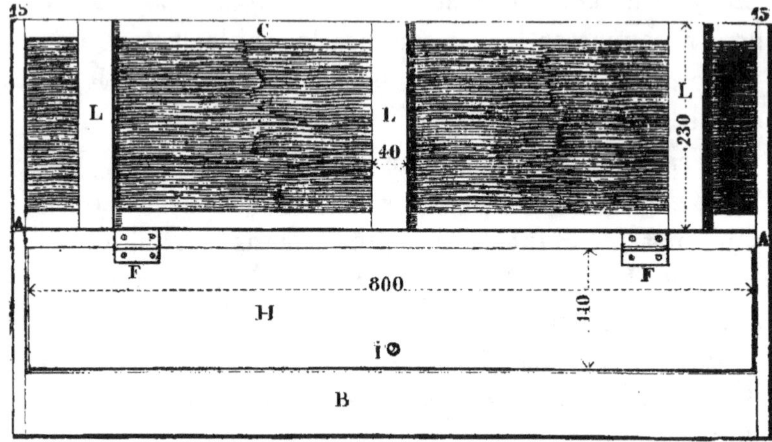

Fig. 9. — Élévation d'une ruche vue par derrière
$\left(\text{échelle de } \frac{1}{10}\right)$

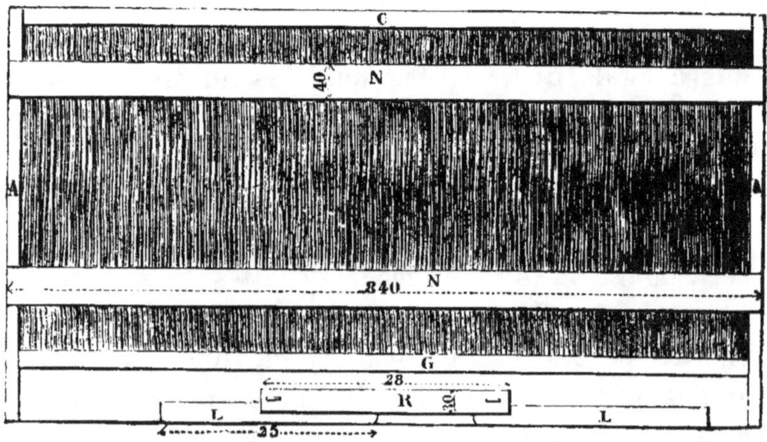

Fig. 10. — Élévation d'une ruche vue par devant
$\left(\text{échelle de } \frac{1}{10}\right)$

sont appelées planches de partition. On peut mettre, par exemple, un certain nombre de cadres au milieu de la ruche, entre deux planches de partition, *fig.* 11 ; dans ce cas, la porte de sortie des abeilles se trouve au milieu. On peut aussi ne se servir que d'une planche ; et les cadres seront alors placés à une extré-mité de la ruche, soit à droite, soit à gauche ; il sera

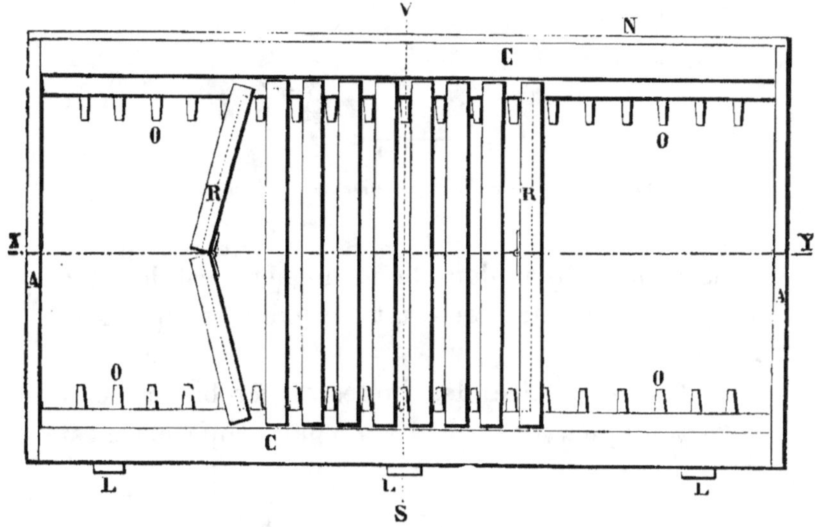

Fig. 11. — Ruche vue en plan $\left(\text{échelle de } \frac{1}{10}\right)$

alors nécessaire d'avoir deux portes de sortie pour les abeilles, une à chaque extrémité de la ruche, suivant que les cadres seront placés à une des extrémités, l'autre restant *toujours fermée*. J'ai adopté le dernier système comme plus simple.

Au lieu de se servir de V, on peut recouvrir les cadres d'une toile trempée dans la cire fondue. Beaucoup d'apiculteurs ont adopté ce procédé.

Quant aux planches de partition dont il a été **parlé**
plus haut, l'expérience a démontré leur complète
inutilité; elles sont même très nuisibles en hiver, **car**,
au lieu de concentrer la chaleur, elles concentrent
l'humidité dans la ruche. On les remplace avanta-
geusement par un ou plusieurs rayons.

Nourrisseurs. — Le nourrisseur ci-dessous, *fig.* **12**,

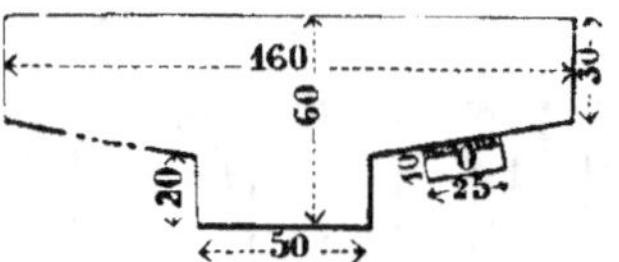

Fig. 12. — Nourrisseur vu en élévation de face $\left(\text{échelle de }\frac{1}{5}\right)$

nous a paru celui dont le maniement est le **plus**
simple; il peut être construit par n'importe quel fer-
blantier.

Faites construire des boîtes en **fer-blanc** de la
forme indiquée *fig.* 12 et 13. La partie inférieure est

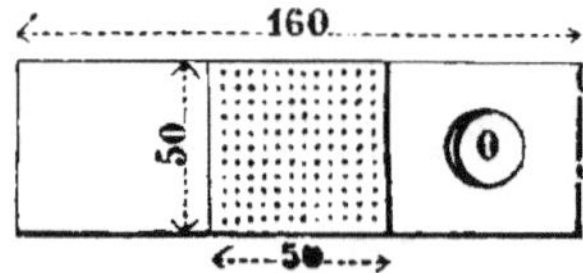

Fig. 13. — Nourrisseur vu par dessous $\left(\text{échelle de }\frac{1}{5}\right)$

carrée et fermée par une plaque de zinc mince, percée de trous de 1^{mm} de diamètre. Sur le côté, se
trouve une douille O, servant à introduire le liquide,
et qui se ferme par un bouchon. La partie inférieure
et carrée du nourrisseur se place dans un carré grillé,

fig. 14 et 15. Aux angles extérieurs de ce carré, on soude quatre coins, servant d'appui à un grillage étamé, sur lequel repose le nourrisseur.

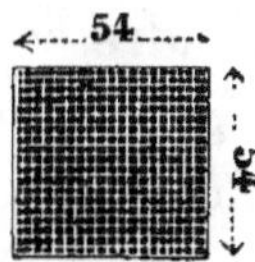

Fig. 14. — Carré grillé, dans lequel entre le nourrisseur, vu en plan $\left(\text{échelle de } \dfrac{1}{5}\right)$

Le grillage est placé dans le carré, à une hauteur telle, que le nourrisseur ne puisse entrer dans le

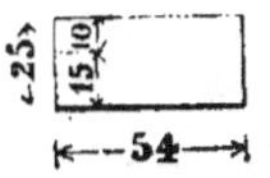

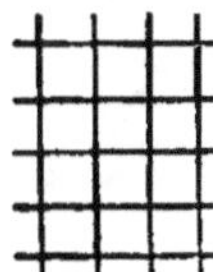

Fig. 15. — Carré grillé vu en élévation $\left(\text{échelle de } \dfrac{1}{5}\right)$. La ligne pointillée indique la place occupée par la grille.

carré que de 10^{mm}, hauteur à laquelle se trouve le grillage, *fig.* 16. C'est à travers ce grillage que les abeilles viennent prendre le sirop dans les petits trous du nourrisseur. Ce grillage, dont on voit un morceau de grandeur naturelle *fig.* 16, n'a pas les

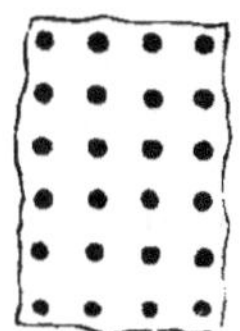

Fig. 16. — Morceau de grille servant à indiquer l'écartement des mailles (grandeur d'exécution).

Fig. 17. — Pièce percée de trous, servant à indiquer la grandeur et l'écartement des trous du nourrisseur (grandeur d'exécution).

mailles assez larges pour laisser passer les abeilles. La *fig.* 17 représente l'écartement des trous du nourrisseur, de grandeur naturelle.

Cadre grillé en cas de pillage. — Faites construire une sorte de cadre ne possédant que trois côtés. Le grand côté aura 500^mm de long, les deux autres 200^mm ; la hauteur du cadre sera de 50^mm. Clouez sur ce cadre une fine toile métallique, ou une tôle de zinc perforée n° 42. Ce cadre repose sur le plateau et contre le devant de la ruche. Les abeilles pourront alors sortir sur le plateau dans cette espèce de cour, sans sortir extérieurement.

Caisse pour déposer les cadres. — On a représenté, *fig.* 18, une de ces caisses. Il suffit de jeter un coup

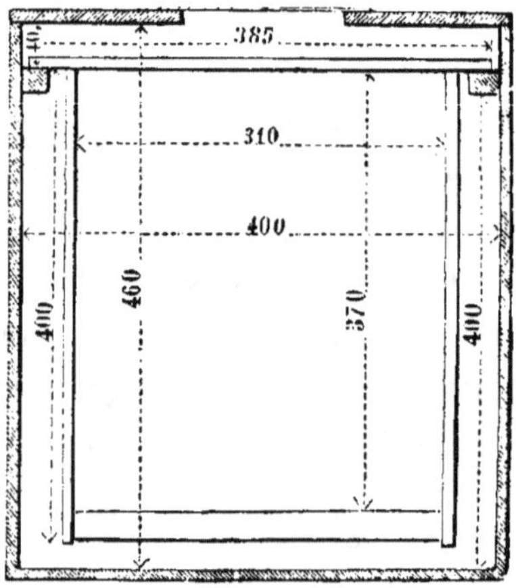

Fig. 18.— Caisse pour déposer les cadres, vue en élévation et coupe verticale
$\left(\text{échelle de } \frac{1}{10}\right)$

d'œil sur la *fig.* 18 pour s'expliquer la manière dont elle doit être construite. Son couvercle est percé d'un large trou grillé pour donner de l'air à l'intérieur.

Cette caisse sera plus ou moins large, suivant le

nombre de cadres qu'elle devra contenir. Il suffit qu'elle puisse en contenir sept ou huit.

Cette caisse est aussi excellente pour le transport des essaims.

Enfumoir ordinaire. — L'enfumoir dont on se sert généralement, et qu'on peut se procurer chez tous les fabricants d'instruments d'apiculture, est l'enfumoir américain ; il suffit d'avoir l'instrument sous les yeux pour en comprendre l'usage.

Enfumoir mécanique. — Afin de conduire les opérations plus rapidement, nous avons cherché, pendant longtemps, un moyen d'enfumer les abeilles qui permette d'avoir les mains libres. Dans ce but, nous avons construit un enfumoir mécanique. *fig.* 19,

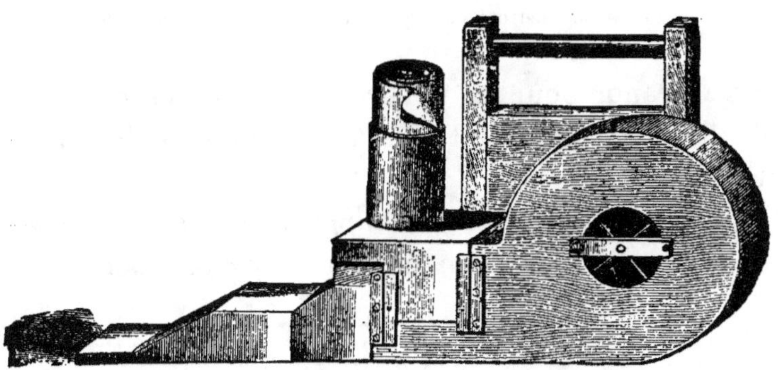

Fig. 19. — Enfumoir mécanique vu en perspective.

qui lance la fumée plus ou moins fort au gré de l'opérateur, pendant environ une demi-heure, sans qu'il soit nécessaire de remonter le mouvement.

Chapeau, voile, gants, vêtements. — Autour d'un chapeau à large bord, on fixe un voile de couleur noire ; le blanc gêne la vue. Ce voile est attaché autour du collet de l'habit par un élastique. Les personnes qui ne sont pas encore habituées à manier les abeilles peuvent mettre des gants de laine; mais on s'habitue très vite à quelques piqûres, et les gants deviennent inutiles ; je ne m'en sers jamais. Une blouse de toile est excellente : elle doit être fermée, surtout autour des poignets.

Grilles d'hiver. — On coupe des bandes de zinc perforé nᵒ 37 de la forme indiquée *fig.* 20, et d'environ 250ᵐᵐ de long. Les crans de cette grille sont

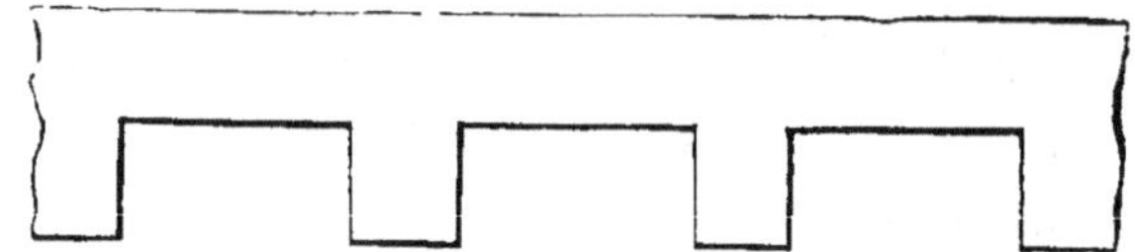

Fig. 20. — Zinc perforé pour grille d'hiver (grandeur naturelle).

assez grands pour ne gêner en rien le passage des abeilles, et ne permettent à aucun rongeur de pénétrer dans la ruche.

Couloir grillé destiné à supprimer l'essaim secondaire. — Découpez un morceau de tôle perforée,

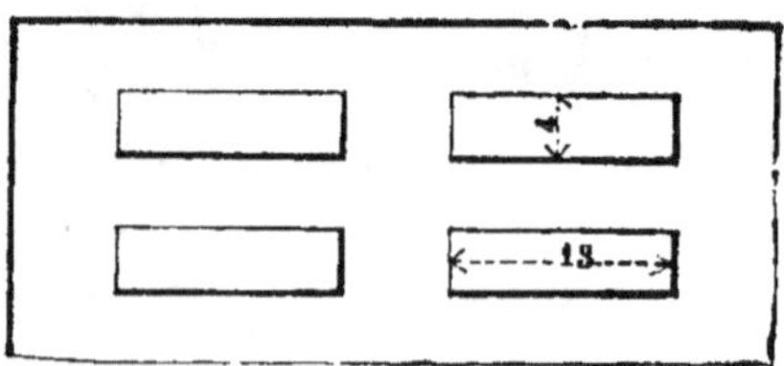

Fig. 21. — Zinc perforé laissant passer les ouvrières seulement
(grandeur d'exécution).

fig. 21 (nᵒ 35, dont les trous ne laissent passer que les ouvrières), de 30 cent. de longueur sur 15 cent.

de large. Clouez de chaque côté une latte d'environ 10^{mm} d'épaisseur sur 20^{mm} de hauteur. Clouez enfin sur les lattes une plaque de zinc de même grandeur que la tôle perforée.

Une des extrémités de ce couloir sera fermée, l'autre restera ouverte. Ce couloir sera placé sur le plateau de la ruche, son ouverture appliquée contre l'entrée des abeilles ; elles ne pourront donc sortir extérieurement sans traverser le couloir et la tôle perforée.

Plumes d'oie pour brosser les abeilles. — Lorsqu'un rayon est chargé d'abeilles et qu'on désire les en chasser, on se sert de plumes d'oie trempées dans l'eau. On pose le cadre chargé d'abeilles sur le plateau, devant la porte, en le soutenant d'une main, pendant que de l'autre on brosse les abeilles à petits coups secs, de manière à les détacher du rayon en les poussant devant la plume sans en laisser derrière. Les abeilles tombent sur le plateau et rentrent dans la ruche en battant des ailes.

Extracteur à force centrifuge servant à extraire le miel des rayons sans les briser. — Cette machine étant actuellement connue de presque tous les apiculteurs, nous ne donnerons pas ici une description détaillée de sa construction, ce qui nous entraînerait dans des considérations mécaniques assez longues et tout à fait en dehors de notre sujet.

Le principe de ces machines, *fig.* 22, est toujours le même. Au milieu d'un tambour de bois ou de fer-blanc destiné à recevoir le miel, est placé un axe ou arbre vertical, auquel est une sorte de dévidoir en-

touré de toile métallique. Dans l'intérieur, et contre
la toile, se placent les rayons auxquels on a enlevé,
avec un couteau bien effilé, les opercules de cire. Le
dévidoir reçoit alors, par un moyen quelconque, un
mouvement de rotation rapide autour de son axe, et
le miel, sortant des cellules par la force centrifuge,

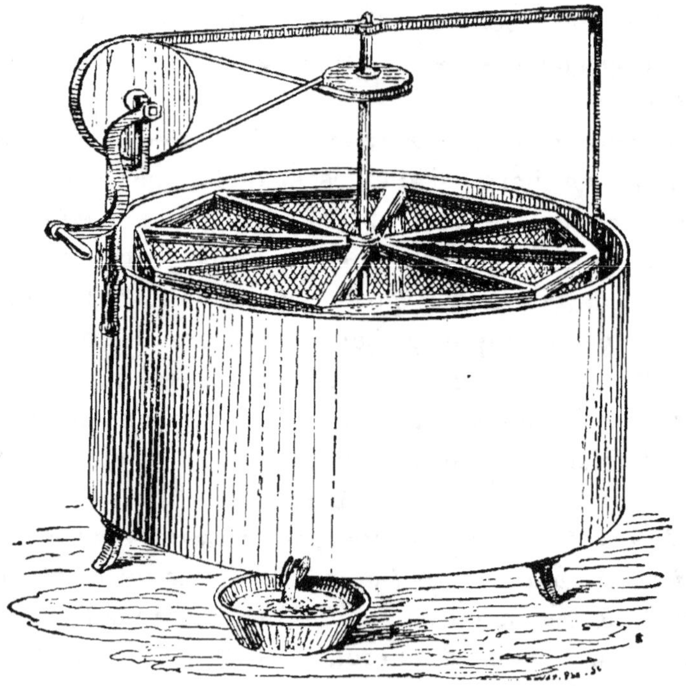

Fig. 22. — Mello-extracteur.

est projeté contre les parois du tambour. Lorsque le
bruit du miel lancé contre le tambour ne s'entend
plus, l'opération est terminée. On retourne alors les
rayons, et l'on opère de même du côté opposé.

Lorsque les rayons de miel n'ont pas contenu de

couvain, ils sont très fragiles ; on devra alors prendre les précautions suivantes : après avoir désopercculé les cellules, on placera les rayons dans l'extracteur (il est nécessaire de placer les rayons de même poids en face les uns des autres, afin de ne pas ébranler la machine pendant la rotation) ; après avoir extrait une partie du miel qu'ils contiennent, on les retournera, on extraira complètement le miel, puis on les retournera de nouveau, afin d'extraire le reste du miel.

Le miel est ensuite versé dans un grand pot, où on le laisse s'épurer pendant quarante-huit heures, afin que les parcelles de cire montent à la surface. Enfin, il est soutiré dans des vases en grès ; ceux-ci me paraissent les meilleurs.

On doit avoir soin de n'extraire le miel d'un rayon que lorsque les trois quarts du miel que contient ce rayon sont operculés.

Couteau à désorpercculer les cellules de miel. — Ce

Fig. 23. — Couteau à désopercculer les cellules de miel.

couteau, *fig.* 23, se compose d'une lame mince bien effilée, de 30^{mm} de large sur 250^{mm} de long, légèrement recourbée. Lorsqu'on s'en sert, il est bon de chauffer un peu la lame, en la trempant de temps en temps dans de l'eau chaude.

HUITIÈME LEÇON

Contrées favorables à l'apiculture. — Puisque
vous désirez vous occuper, non en amateur, mais en
producteur, de la culture des abeilles, il est indispensable, avant d'établir un rucher, de vous rendre
compte de la richesse mellifère de la contrée. Si,
par exemple, vous habitiez certaines régions du
Midi, où l'on cultive presque exclusivement la vigne,
je vous dirais : Renoncez à l'apiculture, car vous serez
obligé de donner à vos abeilles plus de nourriture
qu'elles ne vous donneront de miel. Il en serait de
même des pays du Nord où l'on cultive en grand la
betterave.

Pour obtenir de fortes récoltes dans nos pays, il
faut de grandes étendues de plantes mellifères, telles
que sainfoin, colza, minette, sarrasin, bruyère, etc.
Le voisinage des bois, des grandes forêts et des
prairies naturelles est très favorable à la multiplication des colonies. Les petites récoltes journalières
de miel et de pollen, que les abeilles ne manquent
jamais de trouver dans ces régions, activent beau-

coup la ponte de la reine au printemps, et par suite procurent naturellement de fortes populations pour le moment des grandes récoltes.

Les pays de montagnes sont aussi très favorables à l'apiculture, par suite du nombre considérable de plantes mellifères sauvages que l'on rencontre à toutes les altitudes.

Quoi qu'il en soit, vous ferez bien de consulter un apiculteur expérimenté du pays, car on se trompe souvent sur la valeur des plantes mellifères.

La même espèce peut donner beaucoup de miel dans certains terrains, et très peu dans d'autres. Ainsi le sarrasin, plante cependant très mellifère, est dans ce cas.

Établissement d'un rucher. — On appelle rucher le lieu où sont rassemblées les ruches. On donne aussi le nom de rucher au petit bâtiment où sont réunies les colonies. Je vous engage à laisser simplement vos ruches en plein air; un bâtiment est, à mon avis, plus nuisible qu'utile, les colonies y sont toujours trop rapprochées les unes des autres.

On a beaucoup discuté sur la meilleure orientation à donner aux ruches ; dans le nord, le soleil leur est très favorable ; dans le midi, il leur est nuisible. L'essentiel, c'est que les ruches soient bien abritées des vents dominant dans le pays, afin que les abeilles qui reviennent des champs rentrent facilement à leur demeure sans être balayées par le vent.

Eau nécessaire aux abeilles. — L'eau est aussi indispensable aux abeilles que le miel et le pollen. Sans eau, vous le savez déjà, les abeilles ne pourraient pas élever de couvain. Afin d'épargner aux abeilles des courses lointaines qui, par les froides journées du printemps, en font périr un grand nombre, il est d'une bonne pratique d'établir près des ruches, dans un endroit bien abrité, un réservoir d'eau. Sur l'eau on fait flotter des bouchons afin que les abeilles ne se noient pas.

Ce réservoir vous sera aussi très utile pour vous rendre compte de l'état de la récolte du miel.

Par une forte miellée, par exemple, vous ne verrez pas ou peu d'abeilles au réservoir ; au contraire, par les temps peu ou pas mellifères, le réservoir en sera couvert.

Cette différence s'explique facilement : le miel, au moment où il vient d'être récolté, contient plus ou moins d'eau, les abeilles trouvent donc dans le miel l'eau qui leur est nécessaire.

Il résulte naturellement de ce qui précède que plus il y aura d'abeilles au réservoir, moins la récolte sera abondante.

Espacement des colonies ; leur déplacement. — Vos colonies, m'avez-vous dit, sont placées sur un seul banc et se touchent presque ; c'est un grand défaut qui existe presque partout à la campagne. Il en résulte qu'à leur retour des champs les abeilles se trompent souvent de ruches, de là des batailles : le pillage des ruches faibles est aussi plus à craindre ; si une reine revenant de se faire féconder se trompe de ruche, elle est infailliblement tuée, et la colonie peut être perdue. Enfin, les travaux à exécuter dans le rucher sont bien plus aisés lorsque les colonies

sont espacées à une distance convenable. Plus elles
seront éloignées les unes des autres, mieux cela vaudra. Tâchez, si vous le pouvez, de les mettre à
2 mètres les unes des autres. Plus les ruches seront
irrégulièrement disposées, mieux cela vaudra. Il y
aura moins d'orphelines parce que les mères revenant de la fécondation se tromperont moins facilement de ruche en rentrant. Mais ce déplacement ne
peut se faire que pendant l'hiver, lorsque les abeilles
sont au repos. Les abeilles ont beaucoup de mémoire,
et si, au moment du travail, vous transportez une
colonie loin du lieu qu'elle occupait, elle perdra une
grande partie de sa population, qui retournera à son
ancienne place. Les abeilles pourront aller demander
l'hospitalité aux ruches voisines, mais le plus souvent
elles seront reçues en ennemies et tuées les unes
après les autres.

Si vous étiez obligé d'éloigner les colonies les unes
des autres pendant la saison du travail, il faudrait ne
déplacer les ruches que très peu à la fois, d'environ
30 centimètres par jour.

NEUVIÈME LEÇON

Soleil d'artifice. — Presque tous les jours pendant la saison du travail, et quelquefois pendant l'hiver, lorsque la température permet aux abeilles de sortir, vous les voyez faire une sortie générale, appelée souvent soleil d'artifice. La plus grande partie des abeilles sortent les unes après les autres, décrivent en volant des cercles autour de la ruche, et rentrent ensuite successivement. C'est pendant cette sortie que les jeunes abeilles apprennent à voler et à reconnaître leur ruche. Par les temps chauds, on voit aussi les mâles sortir des ruches à ce moment.

Rappel. — Pendant cette sortie générale, vous remarquerez un certain nombre d'abeilles placées sur le plateau, à l'entrée, l'abdomen en l'air, et qui battent des ailes avec rapidité, afin de rappeler les autres. Ce rappel se produit aussi quand on vient de mettre un essaim dans une ruche. En général, lorsque dans une opération quelconque on a dérangé les abeilles, il y a rappel des abeilles entre elles. Le rappel n'est jamais une marque de colère, mais un simple signe de ralliement.

Ventileuses. — Pendant les jours de grand travail, on voit, principalement le soir ou de grand matin, à l'entrée des ruches, un nombre d'abeilles plus ou moins grand battre des ailes avec rapidité, mais elles n'ont plus, comme dans le cas de rappel, l'abdomen en l'air, il est recourbé vers le bas.

Nous avons déjà dit que le miel qui vient d'être récolté contenait beaucoup d'eau ; il est donc nécessaire que cette eau s'évapore pour que le miel puisse se conserver. Afin d'opérer cette évaporation, elles élèvent la température de la ruche, et, pour chasser l'humidité surabondante, les abeilles établissent un courant d'air, en ventilant à l'entrée. Cette ventilation est d'autant plus active que la récolte a été plus abondante, et le nombre des ventileuses est d'autant plus grand que la colonie est plus forte.

Garde des ruches ; pillage. — Il existe toujours, à l'entrée des ruches, un nombre d'abeilles plus ou moins grand, suivant la force des colonies, dont la mission est de reconnaître si les abeilles qui rentrent de la picorée sont bien de la maison. Il est probable que chaque colonie possède son odeur particulière qui permet aux abeilles de se reconnaître entre elles. Une étrangère vient-elle à se présenter pour entrer, tout de suite les abeilles la chassent. Pourtant, lorsque l'étrangère se présente en suppliante, elle pourra être reçue si elle apporte une provision de miel.

Lorsqu'au printemps les fleurs produisent très peu de miel, et surtout à l'automne, lorsqu'elles n'en donnent plus, on voit souvent des abeilles rôder autour des ruches. Elles cherchent à s'introduire dans les colonies par quelque fente ou par la porte. Si une abeille parvient à entrer furtivement dans une colonie, elle se gorge de miel, retourne à sa ruche, puis revient bientôt accompagnée d'autres abeilles. La colonie attaquée renforce, il est vrai, la garde de la ruche ; mais si les assaillantes sont très nombreuses, un combat s'engage : si la colonie est faible ou orpheline, elle est perdue ; si elle est forte, la bataille devient acharnée ; souvent les étrangères ont le dessus, le miel est pillé, et un grand nombre d'abeilles meurent dans la lutte.

Il est donc fort important d'éviter le pillage, qui, du reste, n'arrive que par la faute de celui qui conduit les ruches. Nous avons eu trois ou quatre fois dans notre rucher des commencements de pillage, et toujours il a été causé par une négligence de notre part ; mais toujours nous avons pu l'arrêter dès son début.

Lorsqu'on visite les ruches à une époque où les fleurs n'ont pas de miel ou n'en ont que très peu, surtout à l'automne, on doit s'entourer des précautions suivantes :

1° Au printemps, avant la grande récolte, on fera bien de n'ouvrir les ruches que peu de temps avant la rentrée des abeilles. Après la grande récolte, on ne doit visiter les ruches que lorsque toutes les abeilles sont rentrées ;

2° Les rayons que l'on retire des ruches doivent toujours être placés dans des caisses fermées ;

3° On ne doit jamais laisser le miel à la portée des abeilles ;

4° On doit rétrécir, le plus possible, les entrées de toutes les ruches avant une longue opération d'automne ;

5° Pendant le printemps et après la grande récolte, les entrées doivent toujours être proportionnées à la population de chaque ruche ;

6° Après chaque opération, et lorsque les abeilles sont rentrées, il sera prudent de faire le tour de son rucher afin d'examiner si quelques colonies montrent une grande activité, tandis que les autres sont au repos. S'il en est ainsi, on examinera avec soin ces ruches, afin de voir si un pillage ne commence pas, et si l'on ne découvre rien ; on renouvellera sa visite le lendemain matin avant la sortie des abeilles, car si une ruche en pille une autre, elle montrera une grande activité le lendemain matin, lorsque les autres sont encore au repos. Dans le cas où l'on reconnaîtra qu'il y a pillage, on doit l'arrêter tout de suite.

Nous devons faire remarquer que, lorsqu'on aura acquis par la pratique l'habitude de visiter rapidement les ruches, on pourra ne pas suivre aussi rigoureusement les recommandations que l'on vient de lire.

Méthode pour arrêter le pillage. — 1° On ouvre complètement la porte afin de donner beaucoup d'air à la ruche, puis on pose sur le plateau, et contre l'entrée, un cadre grillé (voyez au chapitre de l'*Outillage*) ;

2° Après s'être assuré qu'une abeille ne peut ni

sortir ni rentrer, on couvre la ruche avec une étoffe quelconque, afin de la tenir dans l'obscurité ;

3° On fait la même opération à la ruche qui pille ;

4° Le lendemain, on n'enlèvera les grilles que lorsque toutes les ruches seront en pleine activité, et, après avoir nettoyé le plateau de la ruche pillée des abeilles mortes, on rétrécit son entrée de façon à ne donner passage qu'à une abeille.

On ouvrira davantage le trou de vol lorsque l'ordre sera rétabli.

Les précautions précédentes suffisent généralement pour arrêter le pillage dès le début.

DIXIÈME LEÇON

CONDUITE DU RUCHER. — 1re ANNÉE

VISITE DES RUCHES AU PRINTEMPS. — COLONIE FORTE. — COLONIE FAIBLE. — COLONIE ORPHELINE OU BOURDONNEUSE. — MÉTHODE POUR VISITER UNE RUCHE A CADRES.

Visite des ruches au printemps. — L'époque où vous pourrez faire la première visite pourra varier beaucoup, suivant le pays ; dans le nord et les régions de hautes montagnes, vous ne pourrez souvent pas les visiter avant le mois d'avril, tandis que dans l'extrême midi les abeilles sont déjà actives en février. Quoi qu'il en soit, je vous engage à attendre une température relativement douce, et une journée de beau soleil sans vent, et que les abeilles aient commencé à travailler pendant une huitaine de jours.

Faisons d'abord, si vous le voulez bien, le tour du rucher. Vous remarquez que les colonies n'ont pas toutes la même activité. Vous vous rappelez qu'hier soir nous avons frappé un coup sec sur le plateau de chacune de ces ruches, et que les abeilles ont répondu plus ou moins à votre appel. Remarquez que les colonies les plus actives sont celles qui ont répondu le plus fort.

Mais il ne faut pas nous contenter de ce coup d'œil superficiel; il est nécessaire de visiter les colonies à l'intérieur, de marquer chaque ruche d'un numéro d'ordre, et de prendre des notes sur votre carnet [1].

Colonie forte. — Voici une grande ruche en paille, dont les abeilles sont très actives ; projetons un peu de fumée par le trou de vol, puis, après avoir décollé la ruche de son plateau, suivons-la sur une cale. Enfumons de nouveau, jusqu'à ce que les abeilles fassent entendre un fort bourdonnement. On commence par une fumée modérée, et ensuite on augmente par degrés. Si on introduit brusquement trop de fumée, les abeilles en sont tellement affectées qu'elles tombent sur le plateau.

En cet état, que l'on appelle état de bruissement, les abeilles ne songent plus à piquer, elles battent des ailes avec rapidité, afin d'éloigner la fumée qui les incommode.

Pendant une longue opération, on lance de temps en temps un peu de fumée, afin de maintenir l'état de bruissement.

Il est nécessaire d'accomplir toutes les opérations avec calme et sans mouvements brusques. Une abeille vient-elle pour vous piquer, ce dont on

---

[1] On note sur le carnet: la quantité de miel laissée dans chaque ruche, et le nombre de rayons contenant du couvain

s'aperçoit à la manière rapide dont elle vole autour de vous et au son plus aigu qu'elle produit en volant, on ne doit jamais essayer de la chasser ; ce qui l'exciterait davantage, et en attirerait d'autres. Fort souvent, des abeilles viennent se poser sur vos mains ; à moins que vous ne les blessiez, elles ne vous piqueront pas.

Si, pendant une opération, les abeilles sortent précipitamment entre les rayons, et cherchent à vous piquer, il faut aussitôt lancer beaucoup de fumée afin de les refouler dans l'intérieur et de les effrayer.

Si l'on est piqué, il est utile de retirer le dard et d'appliquer sur la plaie une goutte d'acide phénique ; mais lorsqu'on a été piqué un certain nombre de fois, ce qui ne pourra manquer de vous arriver, le venin ne fait plus enfler la blessure.

Placez la ruche sens dessus dessous, projetez de la fumée entre les rayons afin de refouler les abeilles dans le fond. En écartant les rayons du centre, vous verrez probablement un grand nombre de petites cellules (rayons d'ouvrières) fermées par un couvercle plus ou moins bombé, c'est le couvain. Au commencement du printemps, le couvain se trouvant placé profondément dans la ruche, il n'est pas toujours facile de le voir. Mais lorsque vous visiterez les ruches à cadres, cette observation n'offrira plus la moindre difficulté.

Puisque votre colonie possède du couvain, c'est qu'elle a une reine. Nous la transvaserons prochainement dans une ruche à cadres.

Colonie faible. — Cette colonie, beaucoup moins forte en mouches que la précédente, montre cependant de l'activité ; un petit courant d'abeilles sort et rentre régulièrement ; enfin, les abeilles forment dans l'intérieur un petit groupe serré autour du couvain. Cette ruche, fort légère, ne contient peut-être plus que 1 kilo ou 1 kilo 500 grammes de miel, tandis que la précédente pouvait en avoir encore 7 à 8 kilos. Après avoir transvasé cette colonie, comme la précédente, nous la nourrirons.

Colonie orpheline ou bourdonneuse. — Voici une colonie dont l'aspect est bien différent de celui des deux précédentes. Quelques abeilles vont au travail, en voici une qui rentre chargée de pollen, mais bientôt vous la voyez ressortir de la ruche et se promener sur le tablier avec sa charge ; le signe indique très probablement que la colonie est désorganisée.

A l'intérieur, les abeilles, au lieu d'être groupées sur le couvain, sont éparpillées sur les rayons. En refoulant les abeilles avec de la fumée, vous ne voyez pas de couvain. Afin, cependant, de vérifier plus exactement, coupez profondément un morceau de rayon du centre, et si au fond des cellules d'ouvrières vous ne trouvez ni œufs ni vers, la colonie est sans mère. Cette colonie sans valeur devra être réunie à une autre bien organisée.

On appelle colonies bourdonneuses celles où l'on ne trouve que du couvain de bourdons, soit dans les grandes cellules, soit dans les petites. Le couvain en bourdons contenu dans les cellules d'ouvrières se reconnaît facilement à ce que ces cellules ont des couvercles beaucoup plus bombés qu'à l'ordinaire. Ces colonies désorganisées ne sont bonnes qu'à être réunies à d'autres, opération dont nous nous occuperons prochainement.

Méthodes pour visiter une ruche à cadres. — Lorsque vous posséderez des ruches à cadres, voici comment il faudra vous y prendre pour visiter ces ruches. Après avoir retiré le premier V ou la première planchette qui couvre le dessus des cadres, soufflez de la fumée pendant quelques minutes entre les deux cadres. Dès que vous entendrez un fort bourdonnement, vous pouvez retirer ce premier rayon, ce qui facilitera la visite des autres en les inclinant les uns sur les autres ; mais on doit avoir soin pendant cette opération de projeter de la fumée de temps en temps entre les cadres, afin de maintenir les abeilles en respect.

En règle générale, lorsque les abeilles sont très actives, c'est signe qu'il y a du miel dans les fleurs ; dans ce cas, il faut peu de fumée pour maîtriser les abeilles. Mais si les abeilles ne travaillent pas, beaucoup de fumée est nécessaire pour les dompter.

La *fig.* 24 représente une partie de la ruche vue du côté des cadres ; C, C, C, C indiquent des cadres, et des planches de partition sont représentées en *p*, P, qui peuvent être remplacées avec avantage par des cadres.

Placez-vous sur le côté de la ruche, en face d'une planche de partition ou cadre P par exemple.

Après avoir détaché le premier V, tirez à vous ce cadre P, en le prenant par son milieu ; replacez-le un cran plus près de vous, et, après l'avoir refermé,

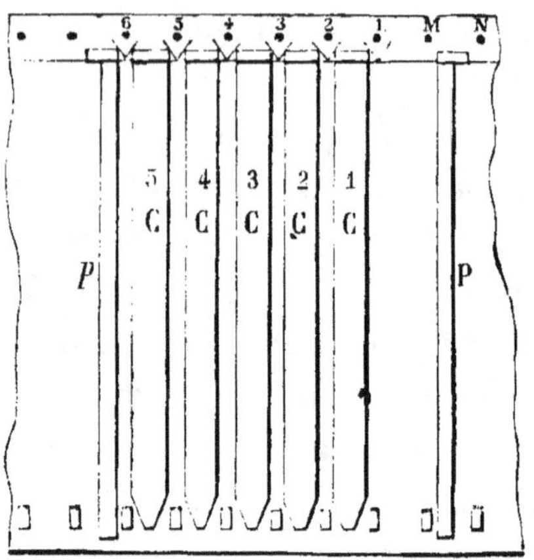

Fig. 24. — Cadres vus de côté.

regardez s'il se trouve entre les deux points noirs
M, N, qui servent de guide.

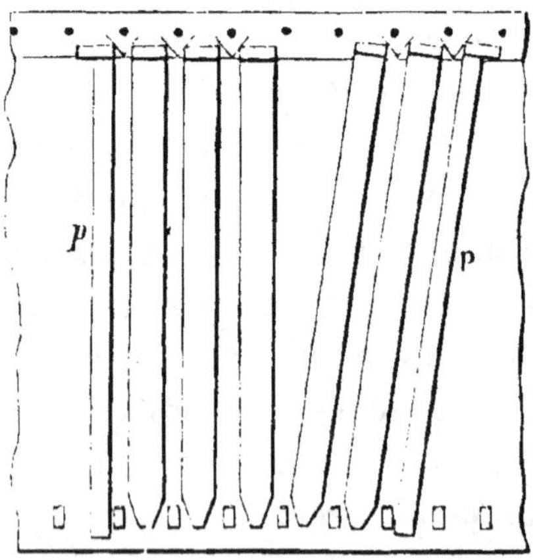

Fig. 25. — Cadres vus de côté.

On voit dans la *fig.* 24 ce cadre P dans sa nouvelle position.

Détachez alors le V n° 2, puis le cadre n° 1 ; après l'avoir visité, vous le placez dans le cran où se trouvait le cadre P. Remettez un V entre le cadre n° 1 et le cadre P. Continuez de même la visite de tous les cadres.

Voici une autre méthode qui s'emploie de préférence pour ajouter ou enlever un ou plusieurs cadres à une colonie. On incline vers soi le cadre P sans le déplacer, *fig*. 25 ; on opère de même pour chaque cadre, en ajoutant les V comme dans la première méthode ; et l'on continue ainsi jusqu'à ce qu'on ait rencontré le cadre que l'on désire enlever. Après l'avoir retiré, on avance les autres cadres et le cadre P d'un cran.

Pour ajouter un cadre à une ruche, on opère comme ci-dessus, avec cette seule différence, qu'en même temps qu'on incline les cadres, on les déplace d'un cran, jusqu'à ce qu'on soit arrivé à l'endroit où l'on désire en ajouter un nouveau. On doit faire attention, lorsqu'on retire les cadres, à ne pas les frotter les uns contre les autres, ce qui irrite les abeilles.

ONZIÈME LEÇON

Au printemps, nous avons vu qu'il était préférable de ne pas réunir à d'autres les colonies faibles, si elles possèdent une mère et des abeilles bien groupées sur du couvain compact. Ces colonies, quelfois très puissantes l'été précédent, ont pu perdre beaucoup d'abeilles pendant l'hiver. D'autres fois, elles ont renouvelé leur mère tard dans la saison, et ce long arrêt dans la ponte a beaucoup diminué la population. On ne peut donc pas, au printemps, conclure de ce qu'une colonie est faible, qu'elle a une mère peu féconde. Mais les colonies orphelines ou bourdonneuses n'ont aucune valeur, car le plus souvent elles possèdent peu d'abeilles, qui toutes sont plus ou moins vieilles. On doit donc réunir au plus tôt ces colonies à d'autres, car elles sont en danger d'être pillées.

Si vous ne pouvez de suite opérer les réunions, rétrécissez beaucoup les entrées de ces colonies afin qu'elles se gardent mieux.

Attendez, pour faire les réunions, une journée un peu chaude, où les abeilles soient très actives. Transportez une ruche vulgaire à réunir, loin du rucher, dans un endroit bien au soleil. Placez quelques planches par terre. Après avoir enfumé la colonie, retournez-la et attendez que les abeilles soient remontées sur le bord des rayons. Retournez alors la ruche, et d'un coup sec frappé avec la ruche sur la planche faites tomber les abeilles sur cette dernière. Répétez cette opération jusqu'à ce qu'il ne reste plus d'abeilles dans la ruche. Les abeilles retourneront à leur ancienne place et, ne trouvant plus leur demeure ni le plateau de leur ruche, iront demander l'hospitalité aux colonies voisines. Elles seront bien reçues si le miel donne dans les fleurs.

Lorsque vous posséderez des ruches à cadres, et que vous aurez des réunions à faire, soit au printemps, soit à l'automne, voici comment vous vous y prendrez : Remplissez un nourrisseur de sirop de sucre ; allez auprès de la ruche à laquelle vous désirez en réunir une autre, en observant toutefois qu'il faut autant que possible réunir entre elles les colonies les plus voisines. Otez le premier V, soufflez un peu de fumée entre les cadres, puis, après avoir versé une petite quantité de sirop sur les abeilles, replacez le V. Opérez de même entre chaque cadre. Enfin lancez un peu de fumée par la porte, et fermez-la.

Transportez-vous ensuite à l'autre ruche avec la caisse à cadres. Enlevez tous les cadres de la colonie, et, avant de les mettre dans la caisse, secouez sur chaque face des rayons couverts d'abeilles un peu de sirop qui, en renversant le nourrisseur, tombera en pluie. Fermez la caisse, et laissez les abeilles se gorger de sirop. Pendant ce temps, on peut commencer une autre réunion.

Ouvrez ensuite la première ruche; placez les cadres de la caisse qui ont du couvain à côté de ceux de la ruche qui en a déjà. Placez les autres à la suite, puis refermez la ruche. Enfumèz pendant deux ou trois minutes ; enfin, rétrécissez la porte pour le passage d'une seule abeille.

Je vous ferai remarquer qu'il est utile, après chaque réunion, de regarder par la vitre la manière dont se comportent les abeilles ; si l'on en aperçoit quelques-unes qui se battent, c'est que l'on n'a pas suivi exactement les instructions précédentes, car, par cette méthode, on ne doit jamais manquer une réunion. En tout cas, en enfumant la colonie fortement, on ferait cesser un commencement de combat. Le lendemain, on devra rétrécir les ruches si elles possédaient trop de cadres pour la quantité d'abeilles qu'elles contiennent.

La méthode précédente est excellente lorsque, pour une cause quelconque, on doit réunir entre elles des colonies plus ou moins fortes, qui possèdent du couvain ou des reines.

On peut aussi par ce procédé faire des réunions n'importe par quel temps.

DOUZIÈME LEÇON

Direction des rayons. — Il est absolument indispensable de forcer les abeilles à bâtir bien droit dans l'intérieur des cadres ; sinon, elles construiraient souvent d'un cadre à l'autre, et, lorsque vous ouvririez une ruche, il serait impossible de détacher

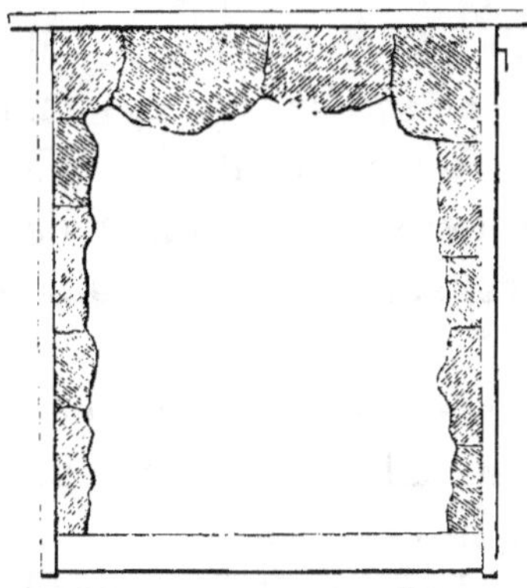

Fig. 26. — Débris de rayons d'ouvrières à l'intérieur d'un cadre.

les cadres des autres, sans briser les rayons, faire couler le miel, etc...

On doit donc donner aux abeilles une première direction, en collant préalablement dans le haut des cadres et sur les côtés des morceaux de rayons à l'aide de la colle forte, *fig.* 26.

Les abeilles souderont ensemble tous ces morceaux, rempliront les vides, et l'on obtiendra ainsi
des rayons parfaitement droits. En une journée on
peut facilement garnir une centaine de cadres.

On ne doit coller dans les cadres que des rayons
d'ouvrières, afin d'engager les abeilles à ne bâtir
que de ces rayons. Mais elles ne sont pas toujours
disposées à bâtir de ces rayons, comme vous le verrez plus loin.

On fera fondre de la bonne colle forte (colle de
Givet) dans l'eau, au bain-marie. La quantité d'eau
doit être suffisante pour que la colle, une fois fondue,
ait la consistance de l'huile.

Il arrive quelquefois, lorsqu'on emploie de grands
morceaux, qu'ils se détachent des cadres; cela tient
plus souvent à ce qu'ils ont été mal collés. Afin
d'obvier à cet inconvénient, il suffit de coller au
sommet un ou deux morceaux, puis sur les côtés
deux autres rayons, qui, ainsi, soutiennent les premiers.

On ne doit jamais coller les rayons entre eux : les
abeilles seraient obligées, pour les ressouder, de
démollir les parties collées.

On recommande souvent de coller les rayons aux
cadres à l'aide de cire fondue. Je me suis servi de
ce procédé, mais j'ai reconnu que la colle forte était
bien préférable, à cause de sa grande solidité.

Ces cadres, garnis de rayons, avancent considérablement le travail, et, si la saison est mellifère, les
abeilles vous rendront en miel plus que le prix de
la cire.

Du reste, cette première dépense ne se renouvellera pas souvent ; on a reconnu que les mêmes rayons peuvent servir fort longtemps, non seulement pour l'emmagasinement du miel, mais encore pour l'élevage du couvain ; vous pouvez donc vous servir de très vieux rayons ; mais lorsque vous en achèterez, regardez si ces rayons sont parsemés de cellules fermées, ce qui indiquerait que le couvain est mort dans ces cellules. Dans ce cas, ne les employez pas, car ces rayons contiennent peut-être le germe d'une terrible maladie appelée loque ou pourriture du couvain, dont je vous entretiendrai plus tard.

Lorsque les abeilles construisent, elles sont suspendues les unes aux autres en forme de grappes, et suivent forcément la direction verticale ; il est donc indispensable que la ruche soit placée bien d'aplomb.

Lorsqu'on possède déjà des rayons construits, il suffit de placer un cadre entre deux autres pour être certain de la bonne direction du nouveau rayon.

Fonte de la cire. — La fabrication de la cire est, pour l'apiculteur mobiliste, d'un intérêt fort secondaire, puisque l'on cherche le plus possible à empêcher les abeilles de bâtir de nouveaux rayons. Je ne vous parlerai donc pas de cette fabrication difficile, du reste, et qui demande un matériel coûteux.

Lorsque vous posséderez un assez grand nombre de débris de cire, vous en remplirez une cagette à claire-voie qui reposera sur un baquet épurateur. En versant à plusieurs reprises de l'eau bouillante sur le marc, la cire se précipitera dans le baquet.

Lorsque le marc est épuisé, on recommence l'opération sur une nouvelle charge. Lorsque l'eau du baquet sera refroidie, vous en retirerez le pain de cire. Vous ferez bien d'échanger cette cire de première qualité contre des rayons gaufrés.

Remplacement des rayons de mâles par ceux d'ouvrières. — Chaque année, après la récolte, on possède un nombre plus ou moins grand de rayons mis en réserve pour l'année suivante. Parmi ces rayons, il y en a d'entièrement construits en cellules de mâles, d'autres n'en ont qu'une partie.

Ces parties de rayons à grandes cellules sont enlevées et remplacées par des morceaux de même grandeur à petites cellules. On arrive ainsi peu à peu à supprimer les rayons de mâles, mais pour cela il faut se procurer, au printemps, les cires des ruches vulgaires mortes pendant l'hiver.

Les abeilles ne sont malheureusement pas toujours disposées à bâtir des rayons d'ouvrières; mais on a constaté dans la pratique certains faits qui permettent à l'apiculteur de déterminer d'avance le moment où elles construiront de préférence des rayons d'ouvrières.

1° Un essaim commence toujours par bâtir un grand nombre de cellules d'ouvrières, avant de construire des rayons de mâles;

2° Une faible colonie qui manque de rayons à petites cellules, en construit souvent;

3° Une colonie qui possède une mère de l'année ne bâtit généralement que des cellules d'ouvrières;

4° Aux époques des faibles récoltes, les abeilles

se décident plus facilement à bâtir des rayons d'ouvrières que pendant la grande récolte. En cette dernière saison, les fortes colonies ne bâtissent que des rayons de mâles si elles ont déjà un nombre suffisant de cellules d'ouvrières.

Rayons artificiels. — On trouve maintenant partout dans le commerce des feuilles de cire possédant sur chaque face l'empreinte des cellules d'ouvrières.

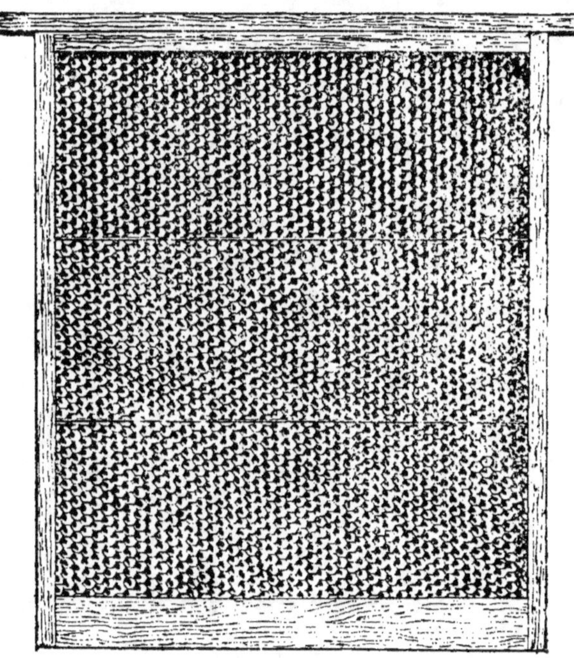

Fig. 27. — Rayons artificiels.

Lorsque l'on fixe une feuille au milieu d'un cadre, et qu'on le donne aux abeilles, elles construisent le rayon en cellules d'ouvrières, et cela très rapidement s'il y a du miel dans les fleurs ; de plus, on a l'avantage de posséder des rayons bien droits. La ligure 27 représente une de ces feuilles dans un cadre.

Pose des feuilles dans les cadres. — Les feuilles doivent être un peu moins larges que la grandeur intérieure du cadre; sans cela, par suite de la chaleur intérieure de la ruche, elles se gondoleraient. Pour un cadre ayant intérieurement 31×37, on commandera des feuilles de 30×36. La feuille, une fois posée dans le cadre, ne devra donc toucher aux bords qu'à la partie supérieure ; sur les côtés et dans le bas, il restera un vide entre la feuille et le cadre.

On commence par clouer en A, B, C, D, E, F, G, H, *fig.* 28, de petites agrafes que l'on trouve chez

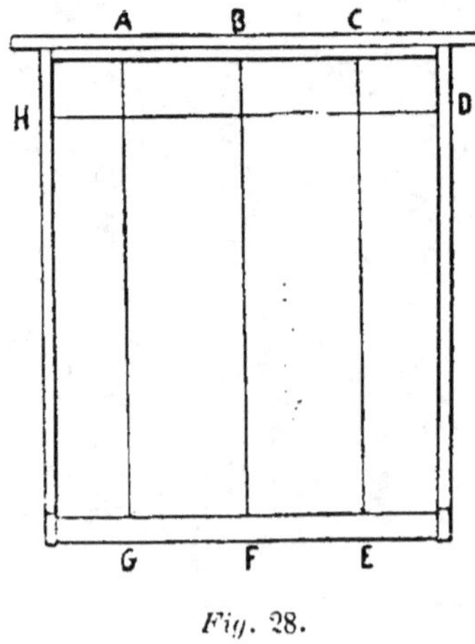

Fig. 28.

tous les fabricants d'instruments d'apiculture, et que l'on cloue juste au milieu de la largeur du cadre ; toutes ces agrafes sont reliées entre elles par des fils de fer très fins.

Ensuite, on pose une feuille de cire sur une planche

ayant la grandeur de l'intérieur du cadre, soit 31 $\times$ 37, et de 13^{mm} d'épaisseur; on place le cadre sur la feuille, et à l'aide d'une roulette appelée éperon Woiblet, on noie les fils de fer dans la cire.

Lorsque l'on ne possède pas de roulette spéciale, on peut facilement noyer les fils dans la feuille soit à l'aide de gouttes de cire fondue, soit en enfon-çant de place en place le fil dans la cire à l'aide d'un instrument quelconque.

Ennemis des abeilles : conservation des rayons. — Dans nos pays, les abeilles n'ont à craindre que deux ennemis sérieux : les mulots en hiver, et la fausse teigne en été.

Les mulots cherchent à s'introduire dans les ruches pendant l'hiver : s'ils y parviennent, ils y font des nids et causent de grands dégâts dans les colonies. A l'aide des grilles en tôle perforée, dont je vous ai donné le dessin (*voir* Outillage) précédemment, les mulots ne peuvent s'introduire dans les colonies.

La fausse teigne est un ennemi sérieux des abeilles ; ce petit papillon, de couleur grise, cherche à s'intro-duire la nuit dans les ruches, afin d'y déposer ses œufs. Les vers qui proviennent de ces œufs se nour-rissent de cire, et on peut facilement concevoir les dommages qu'ils doivent causer dans les ruches.

Le seul moyen de préserver les colonies de ce dangereux ennemi est de ne donner aux ruches faibles que le nombre de rayons que les abeilles peuvent couvrir ; quant aux fortes, elles ne craignent pas les attaques de la fausse teigne.

Pour conserver les rayons, voici le procédé qu'il me paraît préférable d'adopter :

Dans une chambre bien close, on dresse des étagères sur lesquelles sont placés les rayons comme des livres dans une bibliothèque. On doit laisser entre les rayons un intervalle d'environ 1 centimètre. Afin que les rayons ne tombent pas les uns sur les autres, ils sont appuyés sur des pointes.

Dans cette chambre, on fait brûler du soufre dans un plat deux ou trois fois chaque année.

On fera bien de visiter de temps en temps les rayons, et particulièrement ceux qui sont vieux ou qui contiennent du pollen.

Maladies des abeilles. — Les abeilles sont atteintes de dysenterie lorsque, contrairement à leurs habitudes, elles lâchent leurs excréments dans la ruche. Cette maladie n'est pas dangereuse et se guérit ordinairement d'elle-même. Le défaut d'aération, joint à une trop longue réclusion, pendant l'hiver, donne quelquefois la dysenterie.

La loque, ou pourriture du couvain, est une maladie dangereuse et dont on connaît fort mal les causes. Si, lors de la première visite du printemps, vous remarquez que le couvain operculé, au lieu d'être compact et en un seul bloc, sur chaque rayon, se trouve disséminé et parsemé de cellules ouvertes, si de plus les couvercles des cellules, au lieu d'être bombés, sont déprimés et souvent percés d'un petit trou, il est probable que cette colonie a la loque. Le doute n'est plus possible si, en ouvrant les cellules, vous y trouvez du couvain mort, sous forme de matière gluante, à odeur de viande pourrie.

Il est rare que ces colonies se guérissent d'elles-mêmes, et, si la maladie se déclare à l'arrière-saison, il vaut mieux détruire les colonies.

Pendant l'hiver de 1881 à 1882, j'ai constaté qu'un grand nombre de colonies en ruches vulgaires étaient mortes de la loque, et plusieurs de mes colonies furent atteintes de cette maladie.

J'ai d'abord essayé, sans succès, d'en guérir plusieurs par la désinfection des rayons à l'aide de l'acide salicylique. Ces colonies furent détruites.

L'acide salicylique a cependant donné de bons résultats en l'employant par le procédé suivant, qui est des plus simples et à la portée de tous les cultivateurs : On fait dissoudre 50 grammes d'acide salicylique dans 400 grammes d'alcool. Cette solution se conserve indéfiniment pour l'usage, et peut être préparée par un pharmacien.

Si, au printemps, une colonie présente quelques signes de loque (à l'automne on aurait mieux fait de détruire la colonie, car elle n'aurait plus, à cette époque tardive de l'année, le temps de refaire sa population), on fait passer toutes les abeilles dans une nouvelle ruche, contenant des cadres plus ou moins garnis de rayons bien propres.

On fait ensuite dissoudre à chaud 1 kilo de sucre dans un litre d'eau, et l'on y ajoute 10 grammes de solution d'acide salicylique dans l'alcool. Chaque soir, pendant quelques semaines, on administre à la colonie un demi-litre de sirop.

Les rayons de la colonie malade sont ensuite passés à l'extracteur pour en retirer le miel, miel qu'on ne doit jamais donner comme nourriture aux abeilles ; les rayons sont fondus, et les cadres passés dans l'eau bouillante.

La ruche est nettoyée avec un mélange d'eau contenant un dixième d'acide sulfurique ; enfin, on fait brûler du soufre dans la ruche.

TREIZIÈME LEÇON

Il existe différents procédés ; le plus simple est, évidemment, d'attendre que les essaims naturels sortent des colonies, et d'en peupler les ruches.

Lorsqu'un essaim part, il va ordinairement s'attacher à une branche. Prenez une ruche vulgaire, tenez-la d'une main, la ruche renversée sous l'essaim ; de l'autre main secouez vivement la branche ; l'essaim tombe dans la ruche. On renverse alors la ruche sur un plateau placé par terre, et l'on met une cale sous la ruche.

Les abeilles, après être tombées sur le plateau, sortent en masse de la ruche pour y rentrer bientôt en battant le rappel. Si les abeilles restent dans la ruche, c'est que la reine y est aussi, et l'opération est réussie. On doit enfumer quelque temps la branche où se trouvait suspendu l'essaim, afin de forcer les abeilles qui restent à quitter définitivement la branche.

Si l'essaim se trouve placé dans une situation telle, qu'il soit possible de placer la ruche dessus, il suffira de faire monter l'essaim dans la ruche à l'aide d'une fumée modérée.

Laissez l'essaim, jusqu'à la nuit tombante, à la

place où vous l'avez recueilli, mettez-le à l'ombre, si c'est possible, et, s'il faisait très chaud, couvrez la ruche d'une toile mouillée. La fraîcheur retient les abeilles dans leur nouvelle habitation.

Vers le soir, étendez un drap par terre, prenez la ruche contenant l'essaim, et d'un coup sec faites tomber l'essaim sur le drap. Posez la ruche à cadres sur l'essaim ; lorsqu'il sera monté dans la ruche, mettez-la à sa place définitive. Afin de ne pas écraser les abeilles, lorsque vous poserez la ruche sur l'essaim, ayez soin de mettre par terre deux baguettes sur lesquelles reposera la ruche. Enfin, regardez si la mère ne se trouvait pas parmi les quelques abeilles qui peuvent rester dans la ruche vulgaire ; si on l'aperçoit, on la rend à l'essaim.

Nous avons l'habitude de toujours donner un nourrisseur de sirop de sucre à un essaim qui vient d'être mis en ruche, et nous avons remarqué que cette petite dépense lui donnait aussitôt une très grande activité. Si le temps est mauvais, il est très utile de nourrir jusqu'au retour du beau temps.

N'oubliez pas de mettre la ruche bien d'aplomb ; sans cela, les abeilles ne bâtiraient pas droit dans les cadres, ce qui plus tard vous causerait bien des ennuis.

On peut aussi peupler les ruches à cadres à l'aide d'essaims artificiels faits sur les ruches vulgaires. Voici une méthode qui mérite d'être recommandée : Supposons que vous possédiez deux très fortes colonies, A et B ; une quinzaine de jours avant la grande récolte, chassez, par la méthode de tapotement dont nous parlerons plus loin, toutes les abeilles de la ruche A dans une ruche vulgaire. Lorsque l'essaim est fait, on pose la ruche sur un drap noir afin de voir si la mère est avec l'essaim ; on sait que la mère laisse tomber ses œufs, qu'il est facile de trouver sur le drap. Du reste, si au bout d'un quart d'heure l'essaim est tranquille, c'est que la mère est avec lui.

Après avoir fait passer l'essaim dans une ruche à cadres, comme nous l'avons vu pour l'essaim naturel, on place la ruche à cadres à la place qu'occupait la mère A. La mère A prend à son tour la place de la forte colonie B, et cette dernière est portée quelques mètres plus loin.

La mère A reçoit une grande partie des abeilles de la ruche B, construit des alvéoles de reines, et s'apprête à donner un essaim secondaire quatorze ou quinze jours après. Mais cet essaim ne sortira pas avant que vous ayez entendu chanter les nouvelles reines. Afin de prévenir la sortie de l'essaim secondaire, chassez le treizième ou le quatorzième jour les abeilles de la ruche mère ; après avoir mis ce nouvel essaim dans une ruche à cadres comme précédemment, cette ruche est mise à la place de la mère A. Enfin, cette dernière est transportée au laboratoire pour être démolie.

Les rayons d'ouvrières et ceux contenant du miel seront placés dans des cadres, par la méthode que nous indiquerons plus loin, et le soir on rendra ces cadres à l'essaim secondaire. Nous vous ferons remarquer que la ruche démolie contient, à ce moment encore, un peu de couvain operculé qui sera tout de suite couvé par les abeilles. La ruche B, simplement déplacée, reprendra bientôt son activité, jettera dehors son couvain de mâles, et, un mois après, se trouvera aussi forte que précédemment ; il est probable qu'elle ne donnera pas d'essaim naturel. Ce sera une excellente ruche à conserver.

Cette méthode est déjà bien préférable à la précédente, car vous avez formé, à l'aide de deux fortes colonies, deux essaims très populeux, qui ont devant eux la plus grande partie de la bonne saison pour construire et faire leur provision d'hiver. Il vous reste enfin une très bonne colonie à conserver.

Quoi qu'il en soit, on peut aussi transvaser tout le contenu d'une ruche, abeilles, couvain et rayons, directement dans une ruche à cadres. J'ai transvasé ainsi un grand nombre de colonies, l'opération a toujours réussi, et je n'ai jamais eu lieu de m'en repentir dans la suite.

Cette opération doit être exécutée anssitôt que possible dans la saison ; on attendra, cependant, une période où la température soit devenue relativement douce, de 15 à 18 degrés de chaleur, car, par les temps froids, il vous serait difficile de chasser, par le tapotement, les abeilles de la ruche à transvaser dans une ruche vide.

D'autre part, s'il faisait trop chaud, les rayons seraient plus difficiles à manier. La meilleure saison est la fin mars ou le commencement d'avril, car à cette époque il n'y a encore que peu de couvain et . d'abeilles dans les colonies.

Munissez-vous d'abord des objets suivants : une

scie, un couteau bien effilé, des tenailles, de la ficelle et de petits coins en bois semblables à celui représenté *fig.* 29. Ces coins portent trois pointes destinées à fixer le coin sur le cadre.

Fig. 29. — Coin en bois.

Par une belle journée, et lorsque les abeilles travailleront activement, enfumez la ruche à transvaser, et, après avoir mis à sa place une ruche vide, transportez-la dans une chambre.

Renversez cette ruche sens dessus dessous, placez-la, par exemple, sur un tabouret renversé, afin qu'elle ne vacille pas ; coiffez-la d'une ruche vide, puis entourez les deux ruches à leur jonction d'un linge que vous attachez avec une ficelle.

A l'aide de deux petites baguettes de bois ou avec les mains, frappez la ruche à petits coups précipités, en commençant par le bas et en remontant graduellement. Les abeilles déménageront peu à peu dans la ruche supérieure. Cette opération demande de 10 à 30 minutes. Lorsqu'un fort bourdonnement s'entend dans le haut de la ruche vide, c'est que les abeilles y sont montées ; l'opération est bien réussie si la reine est avec les abeilles. La ruche contenant les abeilles sera placée par terre à l'ombre, et si, peu de temps après, les abeilles restent tranquilles, c'est que la reine est avec elles ; dans le cas contraire, vous verrez les abeilles s'en aller peu à peu et retourner au rucher.

Vous ferez mieux, dans ce cas, de reporter la colonie à transvaser au rucher, et de recommencer l'opération lorsque les abeilles seront rentrées au logis.

La ruche à transvaser, une fois vide d'abeilles, sera transportée dans une chambre bien close. On commencera par scier circulairement la partie supérieure de la ruche, de manière à enlever une calotte de 10 à 15 cent. de hauteur. Cette calotte ne contiendra, en général, que du miel.

Ensuite, à l'aide de deux traits de scie donnés de haut en bas, on partagera la ruche en deux parties égales dans le sens des rayons. On a eu soin, préalablement, d'arracher, à l'aide des tenailles, les baguettes qui traversent la ruche.

Les rayons seront alors facilement détachés les uns après les autres, placés sur une table, coupés en morceaux de la grandeur des cadres, attachés à l'aide de ficelle et soutenus par les coins comme l'indique la *fig.* 30.

Si les rayons sont petits, on en placera deux dans le même cadre, le couvain côte à côte. On aura soin de toujours trancher le bord des rayons qui se touchent, afin de forcer les abeilles à les ressouder. Enfin, tous les rayons de mâles seront supprimés.

Les cadres seront ensuite placés à une extrémité de la ruche, dans l'ordre suivant :

Un rayon contenant du miel, les rayons contenant

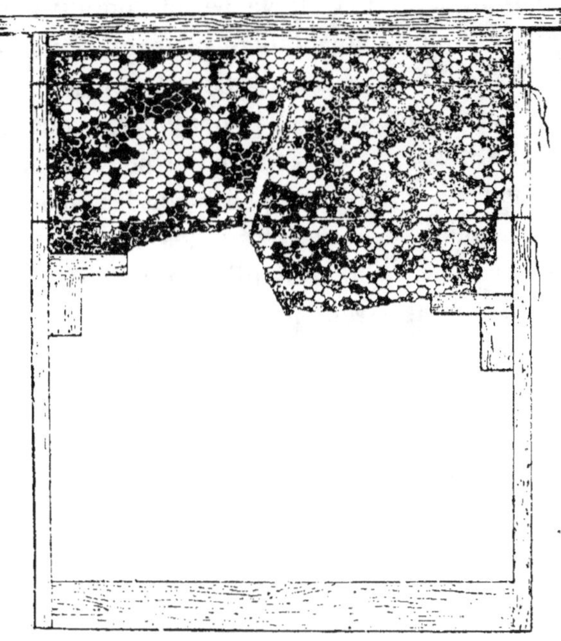

Fig. 30. — Rayons attachés à un cadre.

du couvain. et les autres à la suite ; puis, enfin, une planche de partition.

Après avoir fermé la ruche par dessus, on étendra un drap par terre, et d'un coup sec on fera tomber les abeilles sur le drap. Sur le groupe d'abeilles, on placera la ruche à cadres.

On fera bien, avant de faire tomber les abeilles

sur le drap, de placer deux baguettes sur lesquelles reposera la ruche à cadres, afin de ne pas écraser les abeilles.

Lorsque toutes les abeilles seront montées, on transportera la ruche à la place qu'occupait précédemment la colonie transvasée, et l'on aura soin de rétrécir le trou de vol pour le passage d'une abeille ou deux seulement, afin d'éviter toute tentative de pillage. Le lendemain, on pourra ouvrir davantage.

Les abeilles commenceront par souder entre eux les rayons, et rongeront peu à peu les ficelles. Les colonies transvasées, et auxquelles on a soin d'ajouter des rayons ou des feuilles gaufrées en temps voulu, essaiment rarement.

QUATORZIÈME LEÇON

Miel dépensé en mars, avril et mai. — Votre rucher se compose actuellement de trois sortes de colonies :

1° De celles qui, l'année précédente, ont donné des essaims ;

2° De celles qui n'en ont pas produit ;

3° Des essaims de l'année dernière.

Les premières sont celles qui doivent fixer particulièrement votre attention, car elles possèdent de jeunes reines ; ce sont elles qui, probablement, ont le plus dépensé pendant l'hiver, et probablement se repeupleront le plus rapidement. Parmi les troisièmes, il peut se trouver des essaims secondaires, et si vous avez eu la chance de les conserver jusqu'au printemps, ce qui est rare, nous tâcherons de les sauver, car ils ont aussi des jeunes reines.

Si vous avez des colonies en ruches vulgaires, et qu'elles soient légères, soudez-les de temps en temps à la partie supérieure, à l'aide d'un fil de fer, afin de vous assurer s'il leur reste encore du miel.

Il sera du reste nécessaire de nourrir ces colonies pauvres comme nous le verrons plus loin.

Vos colonies transvasées ne donneront très probablement pas d'essaims naturels, car les abeilles ont beaucoup de rayons à construire ou à achever ; il ne serait pas non plus prudent de leur prendre des essaims artificiels ; pour cette année, nous nous contenterons de leur demander un peu de miel, si la saison s'y prête.

Pendant les mois d'hiver, la ponte de la mère se trouvant presque suspendue, le miel dépensé est principalement utilisé à entretenir dans les colonies une chaleur suffisante. Pendant cette période, la consommation a été d'environ 500 à 800 grammes par mois.

Mais, à partir de l'époque où les abeilles commencent à travailler et à rapporter du pollen, la dépense en miel augmente chaque jour de plus en plus ; elle devient même très considérable en avril et mai, et les provisions d'hiver s'épuisent vite, surtout si le miel donne peu à la campagne.

Calculons quelle pourra être à peu près la dépense d'une bonne colonie établie dans une grande ruche, en supposant que les abeilles trouvent du miel à la campagne, en mars, avril et mai.

Dépense en mars.	1 k. 500
— en avril	2 k. 500
— en mai	3 k. 500
TOTAL.	7 k. 500

Le calcul précédent est tout à fait approximatif ;

la dépense en miel varie beaucoup, suivant la force de la colonie, la fécondité de la mère, la température, la quantité de miel recueilli à la campagne; on ne peut à cet égard donner des règles fixes. On devra donc de temps en temps jeter un coup d'œil sur l'état des provisions d'une forte et d'une faible colonie; on en déduira ainsi l'état de tout le rucher. Dans nos pays, il est assez rare que les abeilles ne trouvent pas à la campagne, après le 15 mai, de quoi suffire à leurs besoins journaliers.

Nourrissement par manque de provisions. — Les colonies qui, au printemps, ne sont pas suffisamment approvisionnées doivent naturellement être nourries.

Pour les ruches vulgaires, voici le moyen le plus simple de les approvisionner : Après avoir enfumé la colonie, rognez de quelques centimètres les rayons, afin qu'une assiette puisse être placée sous les rayons en les touchant. Faites fondre du sucre dans de l'eau tiède (moitié sucre, moitié eau); après le refroidissement, versez le sirop dans l'assiette, sur laquelle vous placez un peu de paille ou des rondelles de liège, afin d'éviter que les abeilles ne se noient en prenant le sirop.

A la nuit tombante, lorsque les abeilles seront rentrées au logis, enfumez légèrement la colonie; puis, placez l'assiette sous la ruche; ayez soin de la retirer, le lendemain matin, avant la sortie des abeilles, afin d'éviter le pillage, toujours à craindre pour les ruches en nourrissement.

Pour les ruches qui ont une issue dans le haut, il

suffit de remplir de sirop un vase quelconque, de le recouvrir d'un linge clair attaché avec de la ficelle, et de déposer le vase renversé sur l'ouverture supérieure de la ruche.

Les vases de verre sont fort commodes, parce que l'on voit au travers ; on doit retirer le vase avant l'absorption complète du sirop, sans quoi les abeilles perceraient la toile.

On doit avoir soin de recouvrir le vase, afin d'éviter les abeilles pillardes. Ce dernier mode de nourrissement a l'avantage de pouvoir être continué le jour. On fera toujours bien cependant de rétrécir les entrées des ruches en nourrissement, afin que les abeilles se gardent plus facilement, surtout si on nourrissait avec du miel qui, par son odeur, attire bien plus les abeilles étrangères que le sirop de sucre.

Par les temps froids, il est plus avantageux de nourrir par le haut, car les abeilles, resserrées au sommet de leur habitation, descendent difficilement.

Plus une ruche est forte, plus elle prendra facilement et rapidement la nourriture. Cependant, les colonies, quelque fortes qu'elles soient, ne peuvent prendre le sirop qu'à une certaine température.

J'ai constaté qu'au-dessous de 3 ou 4 degrés de chaleur les fortes ruches prennent difficilement la nourriture. Vers 8 ou 9 degrés, les fortes ruches se nourrissent facilement : au-dessus de 16 ou 18 degrés, les ruches les plus faibles prennent la nourriture.

Les ruches à rayons mobiles pourront être nourries par le haut comme les ruches vulgaires ; il suffira de placer un nourrisseur sur les cadres, en fermant toute ouverture afin d'éviter les courants d'air; mais il est préférable de se servir de nourrisseurs spéciaux (*voir* Outillage).

Après le transvasement des ruches vulgaires, il reste toujours des morceaux de miel en rayon ; on pourra les placer, le soir, dans les ruches, après avoir désoperculé les cellules, et en ne mettant qu'une petite quantité de rayons à la fois ; les abeilles auront pendant la nuit nettoyé complètement les rayons, qui serviront, plus tard, à être collés comme indicateurs dans les cadres.

Aux colonies fortes, manquant de provisions, il sera nécessaire de donner les quantités de sirop suivantes :

En mars, 0,500 gr. tous les dix jours ;

En avril, 0,800 gr. tous les dix jours ;

En mai, 1 kilog. tous les dix jours jusqu'au moment de la grande récolte.

On pourra ne donner aux colonies faibles que moins de la moitié des quantités précédentes.

En général, les colonies moyennes sont en retard sur les fortes de trois à quatre semaines, et les faibles ont souvent sur les moyennes un retard beaucoup plus considérable. Mais il est assez difficile de préciser, chaque colonie ayant à un certain moment de l'année son maximum de force. Si la température du printemps est particulièrement douce, on verra des colonies faibles, possédant de bonnes mères, se développer assez rapidement.

Nourrissement spéculatif. — Dans les régions

dépourvues de bois, de terres incultes et de prairies naturelles, les abeilles ne trouvent au printemps que très peu de miel et de pollen ; la ponte, sans jamais être suspendue complètement, est cependant retardée ; il en résulte naturellement des populations moins puissantes au moment de la grande récolte.

On peut activer la ponte, dans ces régions, en désoperculant à l'aide d'un couteau, tous les 10 à 15 jours environ, un décimètre carré de miel operculé. On commence cette opération environ six semaines avant l'époque probable de la grande récolte. Quoi qu'il en soit, le nourrissement spéculatif offre tant de dangers et d'inconvénients que j'y ai complètement renoncé, ainsi qu'un grand nombre d'apiculteurs.

Pollen artificiel. — Lorsque les fleurs ne fournissent pas encore de pollen, on excite les abeilles au travail en leur offrant des farines de seigle, pois, fève, etc. Elles s'emparent de ces farines qui remplacent parfaitement le pollen.

Pour présenter la farine aux abeilles, on la dépose dans des caisses peu profondes. Ces caisses sont placées au soleil et à l'abri du vent. Afin d'y attirer les abeilles, on dépose dans la caisse un rayon sur lequel on a versé quelques gouttes de miel.

Lorsque les abeilles trouvent du pollen sur les fleurs, elles ne vont plus à la farine.

Sur le fond de la caisse, on clouera des lattes (celles qui servent à faire des cadres par exemple) à côté les unes des autres, en les séparant par un intervalle d'un centimètre. C'est dans ces sortes de

rainures que l'on met la farine. Ces rainures sont
très utiles pour empêcher les abeilles de se noyer
dans la farine.

QUINZIÈME LEÇON

Principes et règles concernant l'agrandissement des ruches. — La ponte de la mère s'étendant au printemps plus rapidement dans le sens horizontal que dans le sens vertical, on pourra ajouter dans chaque ruche, lors de la première visite, un grand nombre de rayons ou de feuilles gaufrées : quant aux ruches faibles, on en mettra moins, sauf à en ajouter plus tard lorsqu'elles se fortifieront en abeilles.

En règle générale, les feuilles gaufrées seront d'autant plus vite construites qu'elles seront plus rapprochées des rayons contenant du couvain ; mais les abeilles ne travailleront sur ces feuilles que si la température est assez élevée, et que le miel donne dans les fleurs.

Méthode pour obtenir du miel en rayons. — Lorsque l'apiculteur se trouve en situation de vendre facilement le miel en rayons, il sera avantageux de se servir de petites boîtes, qu'on place sur la ruche au

moment où l'agrandissement des colonies devient
nécessaire pour la récolte; si par hasard la mère
traverse les cadres pour continuer sa ponte dans
une boîte, il n'y a pas grand inconvénient, parce
qu'elle ne peut l'étendre bien loin, par suite des
obstacles qu'elle rencontre pour passer d'une boîte
dans l'autre. Ces petites boîtes sont donc loin d'of-
frir les mêmes inconvénients qu'un second corps de
ruche placé sur le premier.

Construction des boîtes. — La construction de ces
petites boîtes est très simple ; la *fig.* 31 représente
une boîte placée sur les cadres.

Faites construire les pièces suivantes :
Une pièce A, de 180^{mm} de long, 76^{mm} de large et

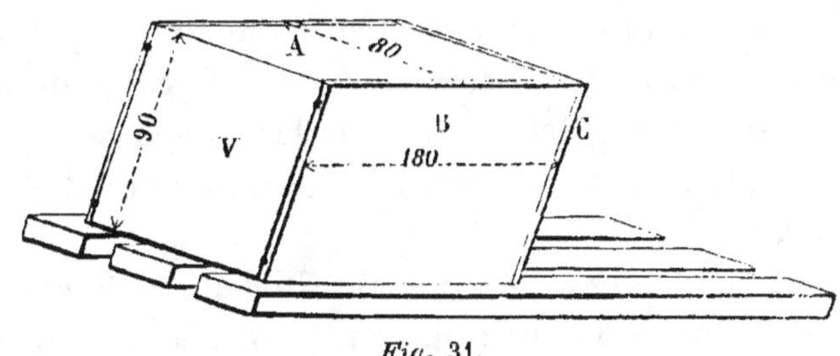

Fig. 31.

10^{mm} d'épaisseur; deux pièces B, de 180^{mm} de long,
90^{mm} de large et 5^{mm} d'épaisseur; une pièce C, de
80^{mm} de long, 70^{mm} de large et 10^{mm} d'épaisseur.

Sur les côtés de la pièce A, formant le dessus,
clouez les côtés B; fermez ensuite une extrémité
par la pièce C; à l'autre extrémité placez une
vitre V, de 30^{mm} de long sur 74^{mm} de large. Cette
vitre est fixée par quatre petites pointes comme on

le voit dans la figure. Cette boîte sans fond aura alors extérieurement 60^mm de haut, 80 de large et 160^mm de long, plus l'épaisseur de la vitre.

Manière de placer les boîtes sur les ruches. — Lorsqu'on veut se servir de ces boîtes, on colle sur leur plafond deux morceaux de rayon bien propres (ceux de mâles peuvent servir) afin d'engager les abeilles à y monter. Pour placer ces boîtes, on enlève deux V du milieu, et, après avoir refoulé les abeilles dans l'intérieur avec de la fumée, on met sur ces cadres deux boîtes, dont les extrémités sans vitres se touchent. On continue de même à en placer d'autres à droite et à gauche des premières, proportionnellement à la force de la colonie (on ne doit placer des boîtes que sur de fortes ruches). Enfin, à l'aide de quelques chiffons, on bouche la petite ouverture qui reste entre le verre et les côtés de la ruche, afin d'empêcher les abeilles de passer. De temps en temps, on soulève le toit afin de voir l'état du travail.

Récolte des boîtes. — Pour récolter des boîtes, on les décolle deux à deux ; on souffle un peu de fumée pour refouler les abeilles dans la ruche, et l'on replace les V. Les boîtes, avec les abeilles qu'elles contiennent, sont alors transportées dans une chambre, placées sur une table, et soulevées par de petites cales afin de permettre aux abeilles de sortir. Les abeilles s'aperçoivent bientôt de leur isolement et s'envolent contre la fenêtre que l'on ouvre de temps en temps.

S'il arrivait qu'une boîte contînt une mère, les

abeilles n'en sortiraient pas. On doit alors chercher la mère et la rendre à la ruche. Si on éprouve quelque difficulté à s'emparer de la mère, à l'aide de la fumée ou au moyen d'une plume, on démolit la boîte.

Afin de reconnaître à quelle ruche appartient une mère, on place les boîtes par groupes. Sur chacun d'eux est inscrit le numéro de la ruche d'où elles proviennent.

Il ne restera plus qu'à fermer le dessous de chaque boîte à l'aide d'une petite planchette.

Miel en sections. — On appelle *sections* de très petits cadres dans lesquels on fait construire du miel en rayon. Les petits cadres en bois de diverses grandeurs, et que l'on trouve partout dans le commerce, sont emboîtés tous ensemble dans un grand cadre de 50 millimètres d'épaisseur au lieu de 25 millimètres. Afin d'obtenir des rayons bien réguliers dans les petits cadres, on cloue de chaque côté du cadre des *séparateurs* en bois ou en métal ; ces séparateurs possèdent de place en place des ouvertures par où les ouvrières peuvent entrer dans les cadres. Pour placer un cadre contenant des sections dans la ruche, comme il est plus épais que les autres, il est nécessaire de supprimer dans le bas de la ruche deux crochets à la place qu'il doit occuper.

Avant de placer les sections dans le grand cadre, on doit placer dans chaque section une feuille de cire gaufrée très mince, que l'on fixe à l'aide de cire fondue.

On peut aussi ne mettre dans chaque section

qu'une petite bande de cire ou indicateur. Cette petite bande est d'environ 1 centimètre de largeur et collée dans le haut de chaque section à l'aide de cire.

On trouve aussi dans le commerce des hausses appelées *magasins à sections*, qui en contiennent un certain nombre et que l'on place sur les cadres. En général, plus les sections seront rapprochées du couvain, plus les abeilles y travailleront rapidement. Ainsi, pour les cadres à sections, on les place près du couvain ; et pour les magasins à sections, on les met sur les cadres qui possèdent du couvain.

Quoi qu'il en soit, il est utile de faire remarquer que le miel en section est un article de luxe d'un transport et d'un placement assez difficiles, et que les abeilles qui travaillent dans de petits cadres rapportent moins de miel que si elles travaillent dans de grands cadres.

SEIZIÈME LEÇON

Comment on reconnaît que les abeilles récoltent du miel. — Chaque fois que, le soir ou le matin, vous voyez des abeilles ventileuses battre des ailes à la porte des ruches, vous pouvez être certain qu'elles ont récolté du miel. Plus le nombre des ventileuses est grand, plus la récolte a été considérable. Le nombre des ventileuses est toujours proportionnel à la force des colonies et à la récolte.

Je vous ai parlé précédemment de l'utilité d'un ré-servoir d'eau. Si les abeilles travaillent activement, sans aller au réservoir, la récolte est abondante. Pre-nez une planche d'environ 1 mètre de long et de 50 centimètres de large. Posez-en un bout à l'extré-mité du plateau, tandis que l'autre sera appuyé contre terre.

Remarquez particulièrement les jours où les abeilles sortent de grand matin, rentrent fort tard et sont aussi actives le soir que le matin.

Examinez alors les abeilles qui reviennent des champs. Au lieu de rentrer directement, beaucoup d'entre elles tombent lourdement sur la planche inclinée, et souvent très loin du plateau; elles sont essoufflées, respirent rapidement et attendent quelque temps avant de s'envoler pour rentrer.

Quand vous verrez ces signes, vous serez certain que la récolte est très forte. (Il y a des jours où le poids de très fortes colonies augmente de 5 à 6 kilos.)

Un autre moyen très simple et très commode de connaître l'état de la récolte est d'avoir toujours une ruche sur le plateau d'une balance-bascule.

Signes auxquels on reconnaît qu'une colonie n'essaimera pas. — Pendant la saison des essaims, malgré l'agrandissement des ruches avant cette époque, quelques colonies en certaines années pourront donner des essaims. S'il n'est pas possible de reconnaître les colonies qui doivent essaimer, on peut au moins distinguer à certains signes extérieurs celles qui n'essaimeront pas bien avant l'époque de la destruction des mâles, indice définitif de la fin de l'essaimage.

Pendant la période d'essaimage, on fera bien, chaque matin, de faire le tour du rucher avant la sortie des abeilles, afin d'examiner les matières rejetées par les abeilles pendant la nuit sur les plateaux. Lors de la reprise du travail, les abeilles nettoient les plateaux; il serait donc trop tard pour observer.

Lorsque vous trouverez sur le plateau des mâles
morts ou quelques larves de mâles, il est fort probable que cette colonie n'essaimera pas. Si vous voyez
des opercules de cellules de reines sous forme de petites calottes blanches à l'intérieur, jaune orange à
l'extérieur, et dont la dimension est d'environ 3 ou
4 millimètres, vous pourrez être presque certain que
cette colonie n'essaimera pas.

Signes qui indiquent la fin de la récolte. — Par une
sécheresse prolongée, le miel diminue peu à peu dans
les fleurs ; l'activité des abeilles est moins grande ;
les ruches n'augmentent plus de poids ; même par un
beau temps, peu d'abeilles sortent des ruches. On
voit des abeilles qui rôdent autour des colonies, cher-
chant quelque fente par où elles puissent pénétrer ;
ce sont des pillardes. Les mâles sont poursuivis et
chassés des ruches. Ces différents signes indiquent
d'une façon certaine la fin de la récolte.

Récolte du miel. — Lorsque la grande récolte ap-
proche de sa fin, et que les abeilles commencent à
poursuivre quelques mâles, on doit, sans plus tarder,
faire la récolte. On ne saurait trop se hâter, car,
lorsqu'il n'y a plus de miel dans la campagne, les
abeilles sont moins faciles à manier ; si, cependant,
on était obligé de ne faire la récolte que fort tard dans
la saison, il serait prudent de ne récolter, chaque
jour, que peu de ruches après la rentrée de toutes les
abeilles, et de les enfumer assez fortement.

Les rayons de miel seront passés à l'extracteur
autant que possible à leur sortie des ruches, afin que
le miel encore tiède sorte plus facilement des cellules.

On peut cependant, afin d'opérer en une seule fois, attendre pour l'extraction que toutes les colonies soient récoltées.

L'extraction est alors un peu plus longue si la température est peu élevée. Cette dernière méthode est celle que nous avons adoptée.

Un soir, après la rentrée des abeilles, on leur rendra les rayons vides, afin qu'elles les nettoient. On aura soin de rétrécir les entrées, afin que les pillardes attirées par l'odeur de ces rayons ne puissent pénétrer dans les ruches.

Quelques jours après, les rayons seront retirés et placés en réserve pour l'année suivante.

Miel que l'on doit laisser pour l'hivernage. — La plus grande faute que puisse commettre l'apiculteur est de ne pas laisser à ses abeilles, à l'automne, une quantité suffisante de vivres. Le nombre de colonies qui meurent chaque année par manque d'approvisionnement est extrêmement considérable.

Ne laisser aux abeilles que juste la quantité nécessaire est encore une faute ; ainsi on retrouvera certainement vivantes au printemps les colonies auxquelles on aurait laissé en octobre 6 à 7 kilos de miel. Mais, à moins d'un printemps exceptionnellement favorable à la production du miel dans les fleurs, on sera obligé de secourir ces colonies, et c'est une grande dépense de temps et d'argent, surtout lorsqu'on se sert de grandes ruches. Actuellement, nous laissons, autant que possible, environ 15 kilos. Avec un peu d'habitude, on se rend facilement compte du miel contenu dans les rayons, par leur poids ou par la surface qu'occupe le miel operculé. Un rayon plein de miel pèse environ 4 kilos; mais on ne doit pas oublier qu'un rayon neuf contient plus de miel qu'un vieux.

Pour simplifier le travail et ne pas trop déranger les abeilles, il est inutile que chaque colonie possède 15 kilos. Les unes en ont moins, les autres plus ; il suffit pour le moment qu'elles aient des vivres suffisants pour arriver jusqu'au printemps. A cette époque, on prendra à celles qui en ont le plus pour donner à celles qui en ont le moins.

Nourrissement d'automne. — Dans les années très mauvaises, les colonies les plus fortes ne pourront peut-être pas céder aux moyennes le supplément de nourriture qui leur est nécessaire pour passer l'hiver. Dans ces saisons heureusement rares, on devra nourrir les colonies.

Cette opération doit être exécutée sans retard ; le sirop donné tardivement et surtout par des temps froids est absorbé plus lentement. Il pourrait arriver même qu'il ne fût operculé qu'en partie, ce qui pourrait occasionner la dysenterie, maladie dont les abeilles meurent quelquefois.

La nourriture qui convient le mieux est le sirop de sucre ou du bon miel ; celui de qualité inférieure ne doit pas être employé; de plus, 500 grammes de sucre blanc possèdent autant de valeur nutritive qu'un kilo de miel inférieur, il est donc plus économique de nourrir au sucre.

Le sirop de sucre pour l'hiver doit contenir beaucoup moins d'eau. On fera fondre par exemple à

chaud 10 kilos de sucre dans 5 litres et demi d'eau ;
le sirop refroidi sera donné à la fois en grande quantité, et le nourrissement continue sans interruption
jusqu'à l'emmagasinement de la quantité voulue.

Si on ne possède pas de nourrisseurs spéciaux,
on pourra se servir de larges pots à confiture peu
profonds et recouverts de tolle solide un peu claire,
que l'on placera sur les cadres. Le tout sera recouvert de quelques couvertures et du toit, afin d'éviter
une déperdition de chaleur, et l'on veillera à ce
qu'aucune abeille étrangère ne puisse s'introduire
par le haut de la ruche. Enfin on rétrécira beaucoup
les portes.

On ne doit pas oublier, cependant, que, pour nourrir utilement une colonie, il faut qu'elle possède
une forte population, que la quantité de nourriture
qui lui manque ne doit pas être considérable, qu'enfin une colonie en nourrissement absorbe toujours
inutilement une partie du sirop administré ; car cette
nourriture excite la mère à pondre, et le couvain
élevé dépense au moins un quart du sirop donné. En
résumé : dans les années désastreuses, le nourrissement d'automne est souvent très coûteux ; il y a souvent avantage à réunir les colonies qui n'ont pas
récolté 8 à 9 kilogrammes, c'est-à-dire une quantité
suffisante pour arriver en mars.

Réunions d'automne. — Cette question mérite de
fixer votre attention. Le désir d'augmenter rapidement son rucher engage trop souvent le jeune apiculteur à conserver des colonies qui, prises isolé-
ment, n'ont aucune valeur à cette époque de l'année,

mais dont la faible population, le couvain et les provisions réunis à une autre peuvent l'aider à traverser facilement la mauvaise saison, et, conséquemment, à prospérer l'année suivante. Mais, direz-vous, qu'est-ce qu'une colonie faible, et pourquoi l'est-elle ?

Permettez-moi de vous donner un exemple : vous avez au printemps deux colonies de même force et que vous soignez également bien. La première se fortifiant vite devient très populeuse vers le moment de la grande récolte. A cette époque, elle peut avoir une dizaine de rayons garnis de couvain et d'abeilles, l'autre se repeuple très lentement ; après la grande récolte, elle ne possède encore que quatre ou cinq rayons de couvain, et n'a même pu amasser suffisamment de miel pour l'hiver.

D'où provient cette différence ? presque toujours de ce que la mère est peu féconde. Cette dernière colonie n'a donc par elle-même que peu de valeur et en aura encore moins au printemps de l'année suivante.

Examinons enfin une troisième colonie : elle était très faible au printemps, il lui a donc fallu beaucoup de temps pour se fortifier ; au moment de la grande récolte, elle n'était pas encore assez populeuse pour amasser ses provisions d'hiver ; mais, après l'essaimage, elle a six ou huit rayons de couvain et une assez bonne population. Cette colonie possède probablement une bonne mère ; un peu d'aide lui suffira pour passer heureusement l'hiver, et donner une belle récolte l'année suivante. C'est à une colonie de ce genre qu'il sera donc préférable de réunir la précédente.

En visitant les colonies au moment de la récolte, vous pourrez en rencontrer qui manquent de couvain d'ouvrières ; d'autres n'auront que du couvain de mâles. Ces colonies orphelines et désorganisées ne peuvent à cette époque qu'être réunies **aux** autres.

Il est utile de réunir autant que possible les colonies les plus rapprochées ; les abeilles retrouvent ainsi plus facilement leur nouvelle demeure ; enfin, faites vos réunions immédiatement après la récolte et même plus tôt si vous le pouvez.

Hivernage des colonies. — Vous remarquerez que pendant l'automne les colonies perdent toujours un assez grand nombre d'abeilles ; les populations diminuent donc, car la mère ne pond plus assez pour remplacer les abeilles qui meurent journellement.

A mesure que la température s'abaisse, les abeilles se resserrent de plus en plus entre les rayons vides du milieu de la ruche, et consomment peu à peu le miel dont elles sont entourées, sur les côtés et au-dessus de leur groupe.

Dans les campagnes, on croit généralement qu'il est nécessaire de bien calfeutrer les ruches pendant l'hiver, afin de les mieux préserver du froid. C'est une faute grave qui fait périr chaque année beaucoup de colonies.

Si l'air est un élément nécessaire à tout être qui respire, à plus forte raison est-il indispensable à ces masses d'abeilles entassées les unes sur les autres, exhalant des vapeurs humides qui ne peuvent s'échapper nulle part. Plus les abeilles sont dans les régions où l'hiver peut être long, rigoureux ou humide, moins elles doivent manquer d'air. Il est indispensable en hiver de permettre à l'air de se renouveler facilement. La moisissure des rayons et la dysenterie, maladie que les abeilles contractent trop souvent pendant les hivers humides, proviennent le plus souvent de ce que les ruches sont trop bien fermées.

J'ai souvent constaté que les colonies trop bien calfeutrées hivernaient mal et perdaient plus d'abeilles que les autres pendant la mauvaise saison.

Pour permettre à l'air de se renouveler facilement, il suffit de soulever les ruches par derrière, et de glisser entre le plateau et la ruche deux petites cales de 5 millimètres d'épaisseur, en se rappelant que plus une colonie est forte, moins elle doit manquer d'air.

A la fin de l'automne, lorsque les abeilles ne sortent plus, on remplace la languette de zinc servant à ouvrir plus ou moins la porte par la grille d'hiver (voir *Outillage*) afin d'empêcher les mulots de pénétrer dans les ruches.

Le dessus des cadres sera recouvert de paille ou de vieilles couvertures.

Dans le cas où le dessus des cadres serait recouvert de toile cirée, il serait bon de soulever un coin de la toile et de le rabattre sur les cadres de manière à laisser une ouverture de quelques centimètres destinée à laisser échapper l'humidité surabondante.

Si on ne possède pas de chambre spéciale pour remiser les cadres, il n'y a aucun inconvénient à en laisser le plus grand nombre dans les ruches.

Quant aux planches de partition, elles sont, comme je l'ai dit précédemment, inutiles en tout temps et très nuisibles en hiver.

N'oubliez pas, pendant l'hiver, de laisser vos abeilles dans le repos le plus absolu : c'est la première condition d'un bon hivernage.

DIX-SEPTIÈME LEÇON

CONDUITE DU RUCHER. — 2ᵉ ANNÉE

MULTIPLICATION DES COLONIES PAR L'ESSAIMAGE NATU-
REL. — MULTIPLICATION DES COLONIES PAR L'ES-
SAIMAGE ARTIFICIEL.

Multiplication des colonies par l'essaimage naturel.
— Vous possédez, par exemple, deux colonies ; l'une
des deux a donné un essaim l'année précédente, et la
seconde est l'essaim qu'a produit cette colonie. Vous
avez donc une jeune mère dans la première, et une
plus âgée dans la seconde. La première sera destinée
à donner du miel, et vous l'empêcherez d'essaimer en
la conduisant par la méthode décrite précédemment.
La seconde vous donnera peut-être un essaim naturel, et vous empêcherez l'essaim secondaire par la
méthode dont nous avons parlé plus haut pour les
ruches ordinaires.

A la fin de la saison, vous pourrez avoir trois bonnes
colonies, et vous continuerez ainsi à augmenter votre
rucher.

Voici une autre méthode, préférable à la précédente, mais dont l'application exige un plus grand nombre de colonies.

L'essaim naturel, après avoir été recueilli dans une ruche à cadres, sera mis à la place qu'occupait la ruche mère. Celle-ci, à son tour, prendra la place d'une ruche lourde et très peuplée ; enfin, cette dernière sera transportée à quelque distance sur un nouveau plateau.

La ruche mère, recevant toutes les butineuses de la colonie déplacée, pourra donner un essaim secondaire aussi fort que le premier quatorze ou quinze jours après, si le temps est favorable. Cet essaim sera mis dans une ruche à cadres. La colonie qui vient de donner l'essaim sera transportée au laboratoire et démolie. Les rayons d'ouvrières et de miel seront attachés dans des cadres, et le soir on rendra les rayons à l'essaim.

La colonie déplacée n'essaimera probablement pas, reprendra peu à peu son activité, et à la fin de la saison comptera parmi les meilleures colonies à conserver pour l'année suivante.

L'essaimage naturel offre beaucoup d'inconvénients, dont le moindre est d'obliger constamment à surveiller le départ des essaims, qui trop souvent ne veulent pas sortir, ou qui, partant trop tard, risquent de n'avoir pas le temps d'amasser suffisamment pour la saison d'hiver. Nous allons donc nous occuper de l'essaimage artificiel.

Multiplication des colonies par l'essaimage artificiel. — Il existe un grand nombre de procédés pour la formation des essaims artificiels ; mais s'il fallait vous les décrire tous et en discuter la valeur relative, un volume ne suffirait pas. Ce grand nombre de méthodes est une preuve de leur insuffisance. Cependant, dans les années mellifères, beaucoup de ces procédés réussissent ; mais, lorsqu'il y a disette de miel, on ferait mieux de ne pas faire d'essaims. Or, comme il n'est pas possible de prévoir le temps, on doit toujours agir avec prudence, ne demander à ses abeilles qu'un petit nombre d'essaims, enfin n'adopter que les méthodes qui réussissent en année ordinaire. Si en 1880, année où les trois quarts des ruches sont mortes en France, faute de provisions suffisantes, j'ai conservé mon rucher en bon état, même sans nourrir les colonies, c'est principalement parce que je n'ai pas fait un seul essaim artificiel, et que j'ai complètement supprimé l'essaimage naturel.

Parmi les procédés les plus simples, voici celui qui m'a toujours donné les meilleurs résultats :

Pour faire un essaim artificiel avec chance de succès, la première condition est de posséder des colonies de première force, c'est-à-dire des ruches qui possèdent du couvain sur au moins huit à dix rayons.

Vous attendrez donc que vous possédiez deux colonies très puissantes, et vous opérerez, si c'est possible, douze à quinze jours avant l'époque probable de la grande miellée. Afin d'obtenir de fortes colonies, un peu plus tôt que de coutume, vous ferez bien d'activer un peu la ponte en donnant un peu de sirop de sucre aux colonies pendant les mauvais temps.

Par une belle journée où les abeilles sont très actives, prenez à une très forte colonie la moitié de ses rayons de couvain, plus un cadre de miel avec les abeilles qui se trouvent sur les rayons. Assurez-vous qu'au moins un des rayons de couvain contient des vers de tous les âges, et que la colonie à laquelle vous avez pris les rayons se trouve dans les mêmes conditions.

Placez ces rayons dans une ruche vide dans l'ordre suivant : le rayon de miel, puis à la suite ceux de couvain ; ajoutez enfin plusieurs cadres garnis autant que possible de cire, et fermez la ruche.

Enlevez ensuite de son plateau une très forte colonie après l'avoir légèrement enfumée, puis transportez-la à une nouvelle place aussi éloignée que possible de son ancienne position ; enfin, mettez à sa place la colonie que vous venez de former.

La plus grande partie des abeilles butineuses de la colonie déplacée viendront renforcer votre essaim.

Si quelques heures après l'opération la colonie dont vous avez retiré les rayons a repris son travail régulier, c'est qu'elle possède la reine ; si au contraire elle donne des signes d'agitation, et que vous voyiez les abeilles courir de tous côtés sur le plateau et autour de la ruche, c'est que la mère se trouve dans l'essaim.

Quoi qu'il en soit, si, en ouvrant l'essaim huit jours

après l'opération, on trouve des alvéoles maternels, c'est évidemment que la reine est restée dans la colonie dont on a tiré l'essaim.

Quatorze ou quinze jours après, la colonie, sans mère, pourra donner un essaim secondaire, ce qu'il faut éviter. Mais vous en serez toujours averti la veille ou l'avant-veille par le chant des reines, chant que vous entendrez très facilement le soir, et qui ressemble assez à celui d'une petite musette.

Mais il arrive souvent que les mères ne chantent pas : dans ce cas, le départ de l'essaim n'est pas à craindre.

Afin d'éviter son départ, dès que vous entendrez le chant des reines, vous transporterez la ruche à une dizaine de mètres de la place qu'elle occupait, et dès que le chant des reines ne se fera plus entendre, vous la remettrez à son ancienne place.

On peut aussi attendre le départ de l'essaim, et le lendemain seulement vous le rendrez à la ruche. Il est rare dans ce cas qu'il parte une seconde fois.

Environ trente-cinq jours après la formation de l'essaim, vous devez y trouver du couvain operculé, si toutefois le temps a été favorable au moment de la fécondation des mères. Mais, si quarante-cinq jours après sa formation il n'y a pas de couvain dans l'essaim, il est probable que la reine se sera perdue dans sa course nuptiale. Dans ce cas, il faudra, sans tarder, réunir cette colonie orpheline à la ruche la plus voisine.

Si vous possédez dans votre rucher un certain nombre de fortes colonies, vous ferez bien, une quinzaine de jours après la formation de l'essaim, de lui ajouter un rayon de couvain, sans abeilles, afin de le fortifier encore. La suppression de ce rayon de couvain, que vous remplacerez, tout de suite, par un rayon vide, ne nuira pas sensiblement à la récolte de la colonie qui l'a fourni.

Plus tard, vous ne devrez pas oublier d'ajouter de nouveaux rayons ou des feuilles gaufrées à l'essaim et à la colonie qui l'a fourni, afin que les mères aient toujours de la place pour pondre, et les abeilles de l'espace pour déposer leur récolte. C'est un principe qu'il ne faut jamais perdre de vue, sous peine de diminuer considérablement la récolte.

Si je vous ai proposé la méthode précédente, préférablement aux autres, c'est pour les raisons suivantes :

1° Dans les années mellifères, vos essaims amasseront plus que leurs provisions d'hiver, à condition qu'ils aient peu de rayons à construire;

2° Les colonies déplacées environ quinze jours avant la récolte principale auront le temps de prendre suffisamment de force pour récolter un fort surplus de miel, si la saison mellifère se prolonge quelque peu [1] ;

---

[1] L'histoire de ces colonies déplacées est fort intéressante : pendant les premiers jours, vous ne verrez plus sortir de mouches, et si elles possèdent des mâles ou du couvain de mâles, elles commencent par le jeter hors de la ruche, avantage pour l'apiculteur. Mais la ponte de la reine ne subit aucune interruption.

Peu à peu, vous verrez l'activité reprendre dans ces colonies,

3° Cette méthode permet de ne pas avoir à chercher les reines, opération parfois longue et difficile
pour ceux qui n'en ont pas l'habitude ;

4° L'essaimage naturel est supprimé dans les
ruches déplacées, à condition, bien entendu, que
vous agrandissiez ces ruches en temps voulu ;

5° L'essaim artificiel possède au moment de
formation une réserve de miel en cas de mauvais
temps ;

6° Enfin, cette méthode est à la fois aussi rapide
que facile à exécuter.

qui un mois après peuvent compter parmi les plus peuplées et
les plus actives du rucher.

Si, durant les premiers jours du déplacement, le temps se
mettait au froid, vous feriez bien de fermer le trou de vol
pendant la nuit.

APPENDICE

———

A l'état libre, les abeilles prospèrent presque partout et récoltent autant de miel dans des troncs d'arbre, des fentes de rochers, que dans nos ruches les plus perfectionnées.

Récolter simplement le miel des abeilles sauvages est la culture primitive. Ainsi, dans les grandes forêts de la Pologne, on emploie encore ce procédé.

Pourquoi ne pourrait-on pas faire de même dans nos ruchers, c'est-à-dire récolter le miel de surplus, et laisser les abeilles se conduire à peu près à leur guise, ce qui simplifierait beaucoup les procédés de culture, et rendrait ainsi l'apiculture accessible au plus grand nombre ? C'est parce qu'au lieu d'étudier les mœurs des abeilles à l'état libre, c'est-à-dire travaillant le plus souvent dans des espaces illimités, où elles peuvent étendre leurs constructions indéfiniment, on les a contraintes à travailler dans des espaces limités, et le plus souvent dans des ruches trop petites. Il en est résulté beaucoup d'essaims, peu de miel, et trop souvent la ruine des ruchers. Ainsi, en 1879, les deux tiers des ruches sont mortes en France par suite de la surabondance des essaims et de la pénurie du miel. L'année suivante fut très mellifère, mais il n'y avait plus d'abeilles pour profiter de cette riche moisson.

Les apiculteurs ont forcé les abeilles à essaimer, en leur donnant des demeures trop étroites, et ils en ont conclu que l'instinct des abeilles les portait à essaimer afin de renouveler leurs reines trop âgées; raisonnement inexact, car, si, au contraire, on donne aux abeilles des demeures assez grandes pour qu'elles puissent y travailler et y développer leurs instincts naturels, comme à l'état libre, elles n'essaiment plus que rarement; ici, l'essaimage, au lieu d'être une règle, devient une exception.

Pendant seize années consécutives, nous n'avons eu d'essaims qu'exceptionnellement dans les bonnes comme dans les mauvaises années, et nous pouvons affirmer que pendant cette période aucun rucher voisin du nôtre n'a pu lui être comparé, ni pour la force des populations, ni pour la quantité de miel récolté; de plus, nous avons dépensé moins de temps que tout autre pour la conduite du rucher.

La suppression de l'essaimage naturel, tout en augmentant la récolte, simplifie beaucoup les procédés de culture, puisqu'à la rigueur on pourrait se contenter chaque année de récolter le miel de surplus, et de faire quelques essaims artificiels destinés à remplacer les colonies orphelines. Mais ces procédés si simples ne sont guère applicables aux ruches vulgaires, car mille inconvénients se présentent lorsqu'il s'agit de récolter partiellement ces sortes de ruche ; aussi, l'habitant des campagnes se contente, en général, de vendre les ruches lourdes, et conserve les autres pour l'année suivante.

Cette méthode serait des plus simples si, chaque année, elle donnait des résultats satisfaisants ; or, il est loin d'en être ainsi, et nous avons souvent vu dans les mauvaises années des ruchers de cinquante colonies réduits à une dizaine au printemps suivant. Les colonies sauvées du naufrage étaient justement celles qui n'avaient pas essaimé.

La suppression de l'essaimage a donc un double but, celui de récolter plus de miel, et, ce qui est plus important encore, de conserver son rucher en bon état pour l'avenir.

On a cherché à tourner la difficulté par l'adoption de ruches à calottes. Ici, en effet, la récolte partielle n'offre aucune difficulté ; mais si la ruche est assez grande pour que l'on supprime l'essaimage, les abeilles montent assez difficilement dans la calotte, et après avoir retiré la calotte vide de miel, on se trouve en face des mêmes difficultés pour récolter le corps de ruche que pour les ruches vulgaires. Si, au contraire, la ruche est petite, il n'est guère possible de supprimer l'essaimage naturel.

Quant aux ruches à hausses, ce système est condamné depuis longtemps par l'expérience, nous ne nous y arrêterons donc pas.

L'adoption des grandes ruches à rayons mobiles supprime tous les inconvénients précédents, puisqu'elles se prêtent facilement aux récoltes partielles et à la suppression de l'essaimage.

Cette ruche est donc appelée à remplacer les autres dans un avenir plus ou moins éloigné.

En terminant, nous conseillerons à l'élève qui désirera augmenter son rucher de se contenter de supprimer l'essaimage, et d'acheter de nouvelles colonies avec le produit de son miel.

Cette méthode d'augmenter son rucher est, à notre avis, la plus sûre et la plus simple, surtout pour celui qui n'a pas encore d'expérience en apiculture. L'élève ne pourra se dire véritablement apiculteur que lorsqu'il aura su conserver son rucher en bon état dans les années les plus mauvaises.

II. — EXPÉRIENCES SUR L'INUTILITÉ DES PLANCHES DE PARTITION

Nous extrayons ce qui suit d'un résumé des expériences de M. Gaston Bonnier à ce sujet.

« Une première série d'expériences a été faite sur deux fortes colonies mises en hivernage dans l'un des ruchers de M. de Layens, en octobre ; à cette époque, les abeilles ne sortaient déjà plus, et la température, qui descendait au-dessous de zéro pendant la nuit, s'élevait encore sensiblement pendant la journée ; j'ai opéré par une suite de jours de beau temps, et par des variations régulières de température. Les précautions nécessaires étant prises pour que les abeilles ne puissent atteindre les réservoirs des thermomètres, je prenais pour chaque ruche trois thermomètres de précision et comparables. Le réservoir du thermomètre n° 1 était exactement placé au-dessus du groupe d'abeilles. Le thermomètre n° 2 avait son réservoir à la même hauteur, mais en dehors du groupe d'abeilles qui était isolé par une toile métallique. Entre cette toile métallique et le thermomètre n° 2, on pouvait placer soit un rayon, soit une planche de partition. Le thermomètre n° 3 était employé pour donner la température de l'air extérieur. »

« En alternant successivement la planche de partition et le rayon, j'ai trouvé que la moyenne de toutes les températures pour la première ruche était de 7°,86 avec la planche de partition, et de 7°,88 avec le rayon. Pour la seconde ruche, j'ai trouvé que la moyenne de température était de 8°,44 avec la planche de partition, et de 8°,46 avec le rayon. »

« Il en résulte que la température dans une ruche, prise au même point en dehors du groupe d'abeilles, est identiquement la même, qu'il y ait une planche de partition, ou qu'elle soit remplacée par un rayon. »

« L'ensemble de ces résultats démontre donc l'inutilité de l'emploi des planches de partition, principalement en hiver où leur emploi condense dans la ruche l'humidité si nuisible aux abeilles pendant cette période de l'année. C'est ainsi que dans beaucoup de ruchers on n'emploie plus les planches de partition ni en hiver ni en été. »

« Les expériences précédentes expliquent aussi pourquoi une faible colonie se développe tout aussi rapidement dans une ruche contenant beaucoup de

rayons (qui sont autant de planches de partition naturelles protégeant le couvain) que dans une ruche
n'ayant qu'un petit nombre de rayons. »

III. — COMPARAISON ENTRE LES RUCHES HORIZONTALES ET VERTICALES

Quelque nombreux que soient les modèles de
ruches, il n'en existe en réalité que deux catégories,
mais ces deux catégories diffèrent essentiellement,
non seulement par la forme, mais surtout par le
genre de direction qu'on doit leur donner.

Les ruches sont horizontales ou verticales. Dans
les premières, les cadres sont disposés les uns à côté
des autres sur un seul rang. Les secondes présentent
deux ou plusieurs étages de cadres ; l'étage inférieur
est occupé par le nid à couvain, et sert à loger le
miel nécessaire à la nourriture hivernale ; les étages
supérieurs ou hausses sont placés, au moment de la
miellée, sur la caisse inférieure pour emmagasiner la
récolte.

Quelles raisons font préférer l'un à l'autre système ? Nous donnerons dans une brève comparaison
les motifs qui nous ont fait adopter la ruche horizontale :

1° Dans les ruches verticales, la hausse doit être
placée au moment même où commence la récolte,
mais il y a inconvénient à la mettre trop tôt.

En effet, à l'époque où commence la miellée, sur-

viennent trop souvent des froids inattendus qui
modifient assez vivement la température de la ruche
pour qu'il soit dangereux d'agrandir l'espace occupé
par la colonie. Il est évident qu'un logis brusquement surélevé exige un effort sensible pour maintenir la chaleur nécessaire à l'éclosion du couvain.

On peut affirmer que, sur cent apiculteurs, il ne
s'en rencontrera pas dix qui sachent choisir le **bon**
moment pour poser les hausses; le **plus souvent**,
c'est du hasard ou des occupations courantes que
dépend leur mise en place.

*Dans les ruches horizontales, on peut agrandir sur
les côtés le nid à couvain sans le découvrir, et par
conséquent sans perte de chaleur.*

2° Si, par suite de négligence ou d'erreur, les
hausses sont mises trop tard, c'est-à-dire lorsque la
grande récolte est déjà commencée, l'apiculteur
risque de perdre beaucoup de miel; les abeilles,
n'ayant plus de place pour loger leur récolte, restent
inactives ou essaiment.

*Avec les ruches horizontales, on peut : soit laisser
pendant l'hivernage tous les cadres dans la ruche,
soit les agrandir toutes ensemble dès le printemps,
quelle que soit leur force en abeilles ; de là, certitude,
dans les deux cas, de pouvoir profiter de toutes les
miellées successives ; de là, aussi, suppression presque
absolue de l'essaimage.*

3° Il peut arriver que les reines aillent pondre
dans les hausses des ruches verticales, de sorte que,
lors de la récolte, on y trouve des cadres de couvain.
La présence de ce couvain cause alors à l'apiculteur

de véritables embarras, parce qu'en général les cadres des hausses n'ont pas la même hauteur que ceux de la caisse inférieure.

Cet inconvénient ne peut avoir lieu avec les ruches horizontales, parce qu'elles n'ont pas de hausses.

4° Dans les années peu mellifères, ou dans les régions pauvres en miel, la hausse contient parfois suffisamment de miel, tandis que la chambre à couvain en contient trop peu. En cette occurrence, on ne peut prendre des rayons dans la hausse pour les descendre au rez-de-chaussée, les cadres n'allant pas de l'une dans l'autre, et il faudra vendre le miel de la hausse pour acheter le sucre nécessaire à la nourriture des abeilles ; mauvaise spéculation sous tous les rapports.

En employant la ruche horizontale, le miel de réserve se trouve placé naturellement par les abeilles au-dessus de leur groupe, et l'apiculteur n'a aucune opération à exécuter.

5° Dans les années de grande production, une seule hausse étant insuffisante, il est nécessaire d'adjoindre de secondes hausses aux premières avant que celles-ci ne soient complètement pleines. Mais, comme toutes les ruches de l'exploitation ne sont pas à la même date remplies, la surveillance obligatoire pour placer successivement les hausses devient presque quotidienne.

Avec la ruche horizontale, tous les cadres ayant été placés avant la miellée, aucune surveillance n'est nécessaire. De plus, comme une ruche horizontale n'a pas de hausses, elle peut être visitée beaucoup plus aisément que lorsqu'il faut déranger deux ou trois hausses pour atteindre la chambre à couvain.

6° On a objecté que les ruches à hausses sont plus heureusement disposées pour la production des sections que les ruches horizontales, et aussi que le miel des hausses est supérieur à celui récolté de chaque côté du couvain.

C'est dans la récolte des ruches fixes que la qualité du miel situé en haut était supérieure à celui des vieux rayons du corps de ruches ; de là, on déduisit à tort un argument en faveur des ruches à hausses. Mais l'expérience prouve journellement que le miel logé dans les ruches horizontales est identique à celui récolté dans les hausses. Quant aux sections, il est facile d'en placer dans les cadres des ruches horizontales.

7° Dans les pays où l'on récolte du miel de bruyère, si l'on emploie les ruches à hausses, on pourrait se trouver embarrassé par les cadres des hausses qui sont remplis plus ou moins complètement de miel de bruyère qu'on ne peut enlever à l'extracteur. A cause de la différence de grandeur entre les cadres des hausses et celle de la ruche, on ne peut ni les remettre dans la ruche, ni les utiliser au printemps.

Avec la ruche horizontale, il suffit de laisser dans la ruche les cadres remplis de miel de bruyère qui servent de provisions soit pour l'hiver, soit pour le printemps.

Disons en passant qu'il est peu avantageux pour l'apiculteur de produire du miel en sections, à moins

que ces sections ne soient vendues à un prix très
rémunérateur, ou qu'il n'y trouve un agrément per-
sonnel.

En résumé, les ruches à hausses pour être bien
conduites demandent beaucoup de travail et d'expérience apicole. C'est donc la ruche horizontale qui
doit être adoptée par la masse des possesseurs
d'abeilles. Sa supériorité a été reconnue dans nombre
de sociétés françaises et étrangères parmi lesquelles
nous citerons : les sociétés Comtoises, celles de
l'Aube, du Tarn, etc., où toutes les ruches sont du
type que nous recommandons.

IV. — FABRICATION DE L'HYDROMEL

A mesure que l'apiculture se développe, la production du miel augmente ; mais, comme la consommation ne suit pas la même marche ascendante, il
arrive souvent, dans les bonnes années, que l'apiculteur trouve difficilement à vendre son miel. Il est
donc de la plus haute importance de trouver pour le
miel un débouché nouveau ; or, rien n'est plus facile
que de transformer son miel en *vin de miel* ou *hydromel*, qui est comparable aux meilleurs vins.

Le vin de miel ou hydromel est connu de toute
antiquité, mais les formules qui nous ont été trans-
mises pour le fabriquer laissaient souvent beaucoup
à désirer ; or, dans ces dernières années, on est arrivé

à l'aide de procédés nouveaux à éliminer toutes les chances d'insuccès.

Voici la formule que j'ai adoptée définitivement, et à l'aide de laquelle j'ai toujours invariablement réussi.

Verser dans un tonneau parfaitement propre de 100 litres (proportions par hectolitre) :

Eau, 75 litres ;

Miel, 25 litres (ou environ 75 livres) ;

Sous-nitrate de bismuth, 10 grammes ;

Acide tartrique, 50 grammes.

Coupez dans un cadre environ un décimètre carré de rayon contenant du pollen de l'année. A l'aide d'un marteau écrasez ce morceau de rayon afin de le réduire en pâte. Enfin délayez cette pâte dans le tonneau.

Placer le tonneau au soleil pendant l'été et en hiver dans une cave ou cellier.

Placer sur la bonde un linge mouillé recouvert de sable mouillé de la hauteur de 5 à 6 centimètres.

Ne plus s'occuper du tonneau jusqu'au moment où, à l'aide d'un petit trou percé avec une vrille, l'on trouve le liquide parfaitement clair, ce qui a lieu dans un temps plus ou moins long, de cinq à douze mois, suivant la température et la nature du miel. Mettre en bouteille, laisser les bouteilles debout pendant un certain temps.

Lorsque le vin est devenu tout à fait sec, on peut alors, sans craindre que les bouteilles ne se brisent, les coucher dans la cave comme à l'ordinaire.

Il est avantageux de le colorer légèrement en

ajoutant, au moment de la fabrication, environ un petit verre à liqueur de sirop servant à colorer les eaux-de-vie.

V. — GLUCOMÈTRE GUYOT

Pour utiliser les eaux de lavages contenant du miel, tel qu'opercules, etc., on place ces débris de rayons et ces opercules dans un baquet avec de l'eau ; quand ces débris et opercules sont bien lavés. on en fait des boules de cire. C'est alors que le glucomètre Guyot est indispensable pour connaître la quantité de miel que contiennent ces eaux. Sur ce glucomètre il y a une colonne au bas de laquelle est inscrit : alcool à produire. Supposons, par exemple, qu'en faisant flotter le glucomètre dans le liquide, il marque 6 degrés ; cela veut dire que, si on se servait de cette eau miellée telle qu'elle est pour faire de l'hydromel, on obtiendrait 6 degrés d'alcool, ce qui serait beaucoup trop faible. Il faudra donc ajouter du miel à ces eaux jusqu'à ce que le glucomètre marque au moins 15 degrés ; la formule qui a été donnée précédemment correspondait à-peu près à ce nombre.

TABLE DES MATIÈRES

CINQUIÈME LEÇON

SIXIÈME LEÇON

SEPTIÈME LEÇON

HUITIÈME LEÇON

NEUVIÈME LEÇON

DIXIÈME LEÇON

Conduite du rucher. — 1ʳᵉ année

ONZIÈME LEÇON

DOUZIÈME LEÇON

TREIZIÈME LEÇON

QUATORZIÈME LEÇON

QUINZIÈME LEÇON

SEIZIÈME LEÇON

DIX-SEPTIÈME LEÇON

Conduite du rucher. — 2e année

APPENDICE

FIN DE LA TABLE DES MATIÈRES

Tours, imprimerie DESLIS Frères, 6, rue Gambetta. —

MŒURS ET DESTRUCTION

DE

L'ANTHONOME

DES

FLEURS DU POMMIER

PAR

M. E. HÉRISSANT

Directeur de l'École pratique d'Agriculture des Trois-Croix

**Mémoire couronné par la Société d'Encouragement
de Paris, en 1892
Et par le Congrès pomologique de l'Ouest en 1889 et 1891**

Brochure in-18, ornée d'un dessin hors texte et d'une
planche coloriée, *franco*, **60 c.**

Tours, imp. Deslis Frères, 6, rue Gambetta.

www.ingramcontent.com/pod-product-compliance
Lightning Source LLC
LaVergne TN
LVHW021132200726
843510LV00001B/61